在沪高校外国专家跨文化适应

——基于组织文化视角的研究

陈洁修　朱军文　著

上海交通大学出版社
SHANGHAI JIAO TONG UNIVERSITY PRESS

内容提要

本书重点研究对象为沪上高校内担任全职科研与教学工作的外国专家，部分受访者还同时担任行政管理工作，并且具有长期在中国高校工作的经历。这些外国专家多维度、深层次地体验着中国高校的组织文化环境，他们在工作中所面临的问题与挑战，包括基金申请、教学任务、职位晋升等，与其他的中国学者别无二致。"跨文化适应"为这些外国专家在中国的学术工作经历增添了一个更为丰富的层次，分析他们在面对文化差异时的应对措施以及影响其跨文化适应情况的因素，有助于了解他们与中国高校组织文化的独特互动。

本书适合相关政策制订者、管理者和研究者阅读。

图书在版编目(CIP)数据

在沪高校外国专家跨文化适应/ 陈洁修,朱军文著.
—上海: 上海交通大学出版社,2018
ISBN 978－7－313－20164－5

Ⅰ.①在… Ⅱ.①陈… ②朱… Ⅲ.①学术交流
Ⅳ.①G321.5

中国版本图书馆 CIP 数据核字(2018)第 209559 号

在沪高校外国专家跨文化适应
——基于组织文化视角的研究

著　者：陈洁修　朱军文
出版发行：上海交通大学出版社　　　　　地　　址：上海市番禺路 951 号
邮政编码：200030　　　　　　　　　　电　　话：021－64071208
出 版 人：谈　毅
印　制：上海盛通时代印刷有限公司　　经　　销：全国新华书店
开　本：880 mm×1230 mm　1/32　　印　　张：5.875
字　数：148 千字
版　次：2018 年 10 月第 1 版　　　　　印　　次：2018 年 10 月第 1 次印刷
书　号：ISBN 978－7－313－20164－5/G
定　价：78.00 元

前　　言

在全球化趋势日益加深的背景下，学术职业以及相关联的研发人才的跨国流动正成为常态。具有不同文化背景的高层次人才之间更为密切的相互交流与合作，成为推动文明互鉴、加快知识传播与生产的重要途径。与其同时，也引发了长期以来关于国际人才跨文化流动过程中的适应问题研究。

当前，我国的经济社会发展正进入一个崭新时代，聚天下英才以用之成为新时代人才强国战略的重要组成部分。以"千人计划"为代表，我国政府出台了一系列人才引进的政策，开展了大规模、系统化的海外高层次人员引进工作，吸引了大量外国专家进入中国包括高校、科研院所和企业工作。这一系列的人才引进举措，起到了集聚海外高层次人才的效果，为"人才强国"战略提供了更为坚实的人才基础。具体到高等教育的发展历程看，引进具备专业知识和国际视野的国际学术人才，已经成为中国高校人才强校战略的主要举措之一。在国家、地方政府和学校等多层次的政策支持下，高等教育国际化程度特别是人才队伍的国际化程度快速提升。这其中，除了海外归国的华人学者规模越来越大以外，一大批非华裔的外国专家也活跃在高校教学科研一线。非华裔的外国专家如何更好地适应中国的文化、适应中国高校的组织文化，以更好地发挥作用成为值得关注的重要议题。

作为我国国际化水平最高的城市之一，上海具有无与伦比的国际化传统优势。在当前加快建设具有全球影响力的科技创新中心过程中，更是以全球视野，不断迭代和升级海外人才汇聚政策和举措，提升国际人才吸引力，优化国际人才工作生活环境。在沪高校是上海吸引国际人才的重要载体之一，在汇聚来自不同文化环境的学术人才方面，发挥着"梧桐树"和"蓄水池"的作用。与此同时，在沪高校外国专家群体也不可避免会遇到不同程度的文化差异和跨文化适应问题。

本研究聚焦在沪上高校担任全职科研与教学工作、长期在中国生活的外国专家（部分专家还担任所在单位的行政管理领导岗位）这一群体，在组织文化方面的跨文化适应状况及其遇到的深层次问题。这些在沪高校外国专家多维度、深层次地体验着中国高校的组织文化环境，他们在工作中所面临的问题与挑战，包括科研基金项目申请、教学任务与工作量计算、职称晋升等，与其他的中国同事别无二致。"跨文化适应"为这些外国专家在中国的学术工作经历增添了一个更为丰富的层次，分析他们在面对文化差异时的应对措施以及影响其跨文化适应状态的因素，有助于了解他们与中国高校组织文化的独特互动，也有助于为中国高校推进国际人才管理提供独特的观察视角，对上海优化国际人才政策环境也具有借鉴价值。

本书聚焦在沪外国专家在中国高校组织文化中的适应情况，分为九个章节展开。

第一章介绍了本研究的缘起及政策背景，以及外国专家群体的特点和历史沿革，引出了本研究的主要问题。

第二章介绍了跨文化适应相关理论的演进过程以及主要的理论模型，分别是阶段模型、理论模型和发展模型，以及影响跨文化适应的几个主要因素，包括海外经历、社会关系网络、文化距离和文化智力等。通过评述国内外理论和实证的相关文献，本章节为后续质性数据分析确立了理论框架和分析基础。

　　第三章介绍了本研究的核心概念,研究方法以及样本概况。

　　第四章通过分析外国专家来上海工作的期望与动机,以及外国专家自绘的跨文化适应曲线图,梳理出影响外国专家跨文化适应经历的共性因素和个性因素。共性因素包括中国宏观政策对于科研工作的支持、外国专家对中国经济的普遍良好预期、上海的国际化环境、外国专家的工作导向特质、学术背景以及国际化背景。这些因素共同构成了影响外国专家跨文化适应状况的共性因素,同时也奠定了跨文化适应曲线的总体上升基调。此外,每一位受访的外国专家还面临着所在单位的不同组织文化因素、差异化的家庭因素和社交因素,这些个性化因素连同共性因素,一同影响着在沪外国专家的跨文化适应经历。

　　第五章通过对外国专家在沪上高校工作期间的科研、教学以及与中国同事合作的具体经历进行分析,展现了外国专家在国内高校组织环境内遇到的跨文化适应挑战。在科研工作方面,许多中国高校都为外国专家提供了较为充足的研究经费和工资待遇,为外国专家们在中国开展学术研究提供了资金和硬件保障。然而在经费的使用、报销以及后续申请环节,模糊的规定、政策的频繁变动和语言的隔阂,使得外国专家面临诸多问题。在教学工作方面,来自普通学院和合作学院的受访者呈现出了不同的工作重心,对于在合作学院工作的授课型教师来说,除了教学工作之外,他们还需要处理中外教学理念的冲突,以及在面对中国式师生关系时的文化差异。此外,由于科研活动的合作性与知识的共享性,同事间的合作是高校组织文化的重要组成部分。对于外国专家来说,在学院中寻找合作者,是融入中国高校组织文化的实质性一步。然而,合作关系的建立虽然会给外国专家的工作发展带来很大便利,但在此过程中,他们也面临着许多阻碍与挑战。

　　第六章中,通过对中国高校组织文化的特点分析,结合外国专家与中国高校行政体系的互动经历,总结出了在沪高校外国专家的组织文化适应问题与特点。首先,中国高校组织所采用的科层式的管理模式,使得外国专家在中国高校组织内的工作体验,高度依赖管理者和学院内的组织文化氛围,例如学院内国际化程度、对外国专家的重视程度以及内部成员的合作程度等。其次,健全的监督与反馈体系是组织内部自行调整的重要工具,协助体系作为连接外国专家和管理层之间的桥梁,这两者直接影响着外国专家的工作体验。第三,行政流程和规章制度对于外国专家的组织文化适应有着重要影响,然而工作语言的障碍、政策的频繁变更以及较为繁琐的行政手续给外国专家的日常工作造成了额外的负担。最后,外国专家在学院会议中普遍参与程度较低,尤其是当学院本身的国际化程度不高时,外国专家很容易由于语言隔阂而无法参与学院日常议事。此外,科层式的管理模式也决定了外国专家尤其是青年学者很难在学院中掌握话语权。本章节对外国专家在中国高校组织文化适应过程中所遇到的问题进行了集中梳理,为之后的认知、情感和行为三维度分析,影响因素的分析以及改进建议的提出奠定基础。

第七章在安德森(Anderson)的认知-情感-行为三维度理论的帮助下,对在沪高校外国专家跨文化适应经历进行深入分析。在认知维度中,结合沙因的组织文化三层次理论,对外国专家在中国高校组织文化不同层次中所经历的由浅入深的跨文化适应挑战进行了分析。在情感维度中,结合安德森提出的跨文化心理适应路径图,来理解外国专家如何在不同的环境和个体差异的共同影响下做出选择,从而形成"隔离"或"融入"的不同跨文化适应结果。在行为维度中,结合贝瑞的文化融合策略,将工作环境下外国专家自身的文化和理念与中国高校组织文化群体的理念作为文化融合策略考量的两个维度,分析外国专家在跨文化适应过程中所采用的文化融合策略。

第八章选用了五位外国专家的典型案例,包含了外国专家与学院管理层的沟通过程,对于中国"关系"文化的学习与应用,以及基于他们自身经历对中国和其他国家高校组织文化所进行的对比分析,全面、生动地展现了他们在中国高校的跨文化适应经历,并对前文相关内容进行一定程度的延展与补充。

第九章分别从外国专家和研究者的视角,为高校和外国专家如何提升在沪工作的跨文化适应提供了针对性的建议。

目　　录

第一章 在沪高校外国专家跨文化适应研究的缘起

1.1 学术人才的全球流动

随着通用语言的使用,具有共同基础的金融市场的建立,以及人才与资金的跨区域流动,全球正加速实现前所未有的深度联结,全球化时代正深刻影响着我们生活的每一个层面[1]。国际高等教育专家阿特巴赫(Altbach)认为,在全球化这样一个广泛而深刻的经济、技术与科学发展趋势下,与高等教育相关的政策、体制、知识与人才培养等方面都发生了不同程度的革新,因而不可避免地对高等教育产生了巨大的影响。与此同时,科技创新的高速发展也将越来越多的国家卷入知识与人才的国际竞争之中,而作为知识创造和人才培养的核心部分,高等教育被视为一个国家的国际竞争力的重要因素[2]。

在全球化趋势的影响下,学术与科研的国家边界变得模糊,不同文化间的相互交流与合作,已成为高校科研质量提升的重要战略,其对于高校科研成果的创新以及扩大学术成果的国际影响力有着重要的作用[3]。在高等教育国际化的进程中,学生、科研人员以及跨国的学术项目和机构是其主要的组成部分,各国纷纷出台相应的国际化政策,在鼓励本国高等教育产业向外扩张的同时,也致力于吸引国外优秀智力资源的加入。在交流与合作的过程之中,高等教育的整体生态逐渐多样化,高校成为全球文化交流与融合的重要微观场所,包容着文化多样性所带来的冲击与活力。当前,全球化时代的研究型大学正形成一种统一化的模式,许多国家通过国际化发展来加强本国研究型大学在世界大学排名中的位置,以求在全球竞争中占据有利优势。根据《国家中长期教育改革和发展规划纲要(2010—2020)》,我国致力于持续推进高等教育国际化的发展,未来国际化将继续成为高等教育发展的主要趋势[4]。

根据陆根书等学者的总结,国际化通常被作为学校发展战略的一个部分,从机构或院校层面来看,高等教育国际化对于提高学校教育质量,促进学生和教师发展,增加学校收入,强化学校之间的网络联系和战略联盟,以及促进研究和知识生产等方面具有重要意义。从政策层面来看,大学的国际化政策主要包含以下几个维度:大学使命、目的、价值和功能,具体来说主要包括大学的使命陈述、对外交流、招收国际学生、国际联系与合作、跨境教育和国际学术休假等相关政策。虽然不同学校会根据自身特点与定位来确立本校的国际化政策,但制定和实施国际化战略在当前的全球化趋势下,是研究型大学推动自身国际发展的重要策略之一[5]。

教授、专家以及学者作为专业领域内的资深人士以及人才培养中的核心环节,正日益成为高等教育国际化的重要组成部分,他们所具备的专业知识和国际视野,是知识创新过程中不可或缺的因素。因而,引进国外先进的人才,对于我国科研创新体系的发展有着重要的推动作用。一方面,高层次学术人才的引进,将会带来国际先进的技术和管理经验,吸引潜在的资金投入,并以合作的方式推动相应领域创新前沿的发展;另一方面,到访的专家学者与国内科研人员的互动过程,对国内科研人员的国际素养,课程设置的国际化水平都有一定的要求,从而有力推动了国内高等教育国际化的发展。除此之外,作为独立于我国科研体系之外的研究者,到访的外国专家对于我国的科研文化和环境有着基于自身科研成长过程的感受与评价,因而深入了解他们的意见建议,对于进一步理解并改善我国科研环境,实现真正意义上的与国际接轨,有着非常重要的现实意义。

1.2 改革开放后来华的外国专家

我国高校聘请外国文教专家的工作大致经历了三个阶段:20 世纪 50 年代主要是从苏联及其他社会主义国家聘请专家;60 年代至 70 年代间,我国高校聘请外国文教专家的工作基本停顿;80 年代以来,我国高校迎来了聘请外国文教专家工作的新时期,在改革开放的时代背景下,引进国外智力是对外开放政策的重要组成部分。1978 年以来,我国恢复了聘请外国文教专家来华任教或短期讲学的制度。1983 年 7 月 8 日,邓小平发表了“利用外国智力和扩大对外开放”的重要谈话,他指出“要利用外国智力,请一些外国人来参加我们的重点建设以及各方面的建设。对这个问题我们认识不足,决心不大。搞现代化建设,我们既缺少经验,又缺少知识。不要怕请外国人多花几个钱,长期来也好,短期来也好,专门为一个题目来也好,请来之后,应该很好地发挥他们的作用”。从此,引进国外智力被确定为一项长期战略方针,引智工作进入了快速发展的新时期[6]。

随着我国高等教育事业的快速发展,我国高校聘请的外国专家在人数与规模上都有了显著的增长,并且人才层次逐步提高,专业结构也日趋合理,为我国改革开放以来的教育、科研、经济与社会发展都做出了积极的贡献[7]。据统计,“八五”(1991—1995)初期全国具备聘请外国文教专家资格的单位有 624 个,1999 年年底增加到 1 399 个,2001 达到 2 087 个,截至 2014 年 3 月 31 日,全国具有聘请外国文教专家资格单位总计 8 073 家[8],另有 43 家境外文教专家组织通过了审核。此外,聘请外国文教专家的人数有很大的增长。从 1979 年至 1998 的 20 年间,全国教育系统聘请外国文教专家的人数增长很快,国家财政和学校自筹经费聘请的专家总数达到 70 677 人次,为新中国成立后至 1978 年间总和的 52 倍[7]。2011 年,境外来中国工作的专家已超过 90 万人次,来自 73 个国家和地区,吸引了包括顶尖专家学者、外籍人才、外国留学生、海归人才和国内高端人才等各类人才[6]。

目前我国引进外国专家大致分为两类:一是受聘于政府机关、经济和社会管理部门以及工商企业的专家,这类被称为"经济技术管理专家",其中也包括在外资企业工作的外籍高级技术人员和管理人员。第二类是在科教文以及新闻出版行业工作的专家学者,这类被称为"文教专家",由于我国对于语言教师的需求,该类也被细分为语言类专家和专业类专家。按照工作时间来划分,有"长期专家"和"短期专家"之分,前者工作时间为半年以上,后者为半年以下[9]。本研究聚焦在高校范围内从事科研与教学工作的外国专家,因而均属于"文教专家"。

作为中国政府主管国家智力引进的行政机构,国家外国专家局对于引进的专家类别有着更为详细的规定。其官方网站上标示的引进外国专家和港澳台专家范围为:

(1)在国际科技领域享有较高声望的专家学者。

(2)在国(境)外知名企业、政府重要机构、重要国际组织中担任过高级管理或技术职务的专家。

(3)在国(境)外知名高等学校、知名研究机构有影响的学术带头人。

(4)在国(境)外主持过重大科技专项、重要工程项目的高级管理、技术专家。

(5)国内急需的具有特殊专业知识和特殊技能的专家[10]。

除了对引进专家的类别进行界定,国家外国专家局同时负责对接受外国专家的机构进行审核和授权,并且制定相关的经济和政治政策。近年来,为了吸引更多的专家来华工作,国家外国专家局不仅放宽了接收机构的数量,同时也设立了相关奖项表彰做出突出贡献的外国专家。早在1991年,国家外国专家局就设立了"中华人民共和国友谊奖",用以表彰对中国发展、教育改革、技术革新和文化交流做出过突出贡献的外国专家,并且各省外国专家局也设立了各自的"省级友谊奖",旨在为在沪的外国专家提供教学和科研的资金支持[11]。

由于本书研究聚焦于工作在高等教育体系内的外国专家,重点研究外国专家在沪上高校组织文化内的适应情况,其中包含教学、科研以及管理层面上的跨文化适应,对外国专家的工作内容和工作场地都有一定的要求。因而在本书中,"外国专家"特指在沪上高校工作的外国学者,承担一定的教学、科研或者管理任务,并且有着较为充分的在中国工作生活的经历(长期工作或者短期多次工作经历)。针对外国专家旅居异乡以及受聘于高等教育组织机构的特点,本书将从旅居者和外派人员这两个概念基础上,对外国专家在跨文化适应中的角色进行解析。

1.3　在沪高校外国专家群体的兴起

20世纪自80年代以来,在中央政府的宏观调控与各省级政府的大力配合下,我国的海外引智工作每十年一个台阶,在规模上取得了重大进展。尤其在2001年加入世贸组织之后,来华工作的外国专家人数呈现了爆炸性的增长[12]。然而,高速增长的态势并没有延续下去,之后的几年,海外专家的引进规模维持在21世纪初的水平,远远落后于此间国内生产总值和高等教育产业的发展。自2008年起,我国出台了一系列人才引进的政策,以"千人计划"为代表,开展了大规模、系统化的海外高层次人员引进工作[13]。与此同时,各级地方政府也响应中央的号召,出台省级层面的海外高层次人才引进政策,在实施周期上与国家层面保持一致,进一步扩大了引进人才的规模和层次[14]。这一系列的人才引进举措,起到了集聚海外高层次人才的效果，为"人才强国"和"人才强校"战略以及建设世界高水平大学奠定了人力资源基础[13]。

根据《国家中长期人才发展规划纲要（2010—2020年）》，我国在未来将继续实施更加开放的人才政策，例如，"建立海外高层次人才特聘专家制度；完善外国人永久居留权制度，吸引外籍高层次人才来华工作；加大引进国外智力工作力度，探索实行技术移民，制定国外智力资源供给、发现评价、市场准入、使用激励、绩效评估、引智成果共享等办法"，力图在制度方面为国际人才来华工作提供保障与支持，从出入境和长期居留、税收、保险、住房、子女入学、配偶安置等方面完善配套制度[15]。

作为我国国际化水平较高的地区，上海有多个引智项目同时进行海外人才引进工作，据上海市外国专家局网站公布的信息，近年来上海"实行更加积极、更加开放、更加有效的海外人才政策，加快构建具有全球竞争力的人才制度体系，先后出台'人才20条'、'人才30条'、人才高峰工程行动方案，积极推进外国人来华工作许可制度和外国人才签证制度试点工作，完善海外人才居住证制度，人才发展环境进一步优化，外籍高层次人才集聚度不断增强。"[15]。以"人才30条"为例（全称《关于进一步深化人才发展体制机制改革加快推进具有全球影响力的科技创新中心建设的实施意见》），上海在全国率先试点了"降低外国人永久居留证申办条件、放宽外籍人才就业年龄、简化入境和居留手续等集聚海外人才"的政策，并且在2018年通过市场化认定为726名外籍高层次人才申办了永久居留，通过新政为6 000人办理了5年期居留许可，极大地促进了创新人才引进的步伐[16]。据统计，2017年上海引进的海外人才110 426人，其中外国人80 914人，留学人员13 744人，台港澳人员15 768人，围绕国家和本市重点项目建设组织实施高端外国专家项目、重点引智项目100余项，资助引智经费1 500余万元。此外，上海市共有52名外国专家荣获中国政府"友谊奖"，1 145人入选国家"千人计划"，位居全国前列[17]。

1.4　外国专家身处沪上高校的 跨文化适应挑战

根据《2017 中国区域国际人才竞争力报告》蓝皮书中对于中国区域国际人才竞争力指标体系的分析,上海从国际人才规模、结构、创新、政策、发展和生活等六个方面都居于全国领先水平,上海的区域竞争力综合指数位居全国第一。其中,用来评估国际人才来中国内地开展工作的基础环境的"国际人才发展指数"显示,上海达到指数最高分值 1,也是六个维度指标中唯一获得满分的区域。北京仅次于上海位居第二,但其得分与上海相差一半。该报告认为,"上海依托港口经济和良好的国际化发展背景,是外资企业落地和国际贸易往来的最重要门户。"值得一提的是,数据显示中国国际人才竞争力总体水平不高,国际人才比例远低于世界平均水平,上海的分值刚过及格线,仍有较大的提升空间。此外,在国家外国专家局组织的 2017 "魅力中国——外籍人才眼中最具吸引力的中国城市"排行榜中,上海连续第六次排名第一。作为国内唯一一个完全由外籍人才参与评选的引才引智"中国城市榜",该评选设有政策环境、政务环境、工作环境、生活环境 4 个一级指标,并在 4 个一级指标下分设 18 个二级指标,是外国专家在中国工作生活体验的直接反馈[18]。

随着大学越来越多地融入国际化环境中,在国际劳务市场搜寻新的学术人才成为大学招贤纳士的重要渠道,因而产生了越来越多的学术外派人员(Expatriate Academics)[19]。除了文化交流的角色之外,外国专家在工作层面可以归类为外派人员,指的是"在一家机构或工厂工作却并非该机构或者工厂所在国的公民,而是这家机构或企业总部所在国的被雇人员,他们的任务之一是保持驻外企业与母公司之间的有效联系"[20]。随着国际化的广泛深入,外派人员的数量增长以及国际派遣任务的复杂化,该群体内部也产生了不同的类型,分为组织外派人员和自行外派人员,前者隶属于某一机构,后者对自己的职业发展轨道负责,主动选择接受国际任务[21]。不同于商业公司,高校在组织氛围和工作任务方面,都有着很强的独特性。例如,举办学术讲座、承担教学与研究任务、申请科研经费以及进行咨询工作等,都不同于一般的贸易合作[22]。如何在组织层面上接纳外国专家,并且帮助他们与中国的高校环境有机融合在一起,成为上海这座商业门户城市所需要面对的新挑战。

上海作为吸引国际人才的前沿阵地,在汇聚来自不同文化环境的学术人才、产生创新火花的同时,也不可避免会遇到不同程度的文化差异问题。从宏观角度来看,外国专家可能面临的问题是语言文化和组织文化的差异。其中,组织文化的差异在工作领域则有着更加具体的影响,不同的组织文化在常规管理和实践方式上可能会有很大的差异,这使得双方需要花费时间和精力来重新构建新的组织实践体系,对于工作与互动的满意度以及知识的共享与融合产生潜在的阻碍[23]。从微观角度来看,个人的心理适应情况以及社交适应情况都会受到跨文化差异的冲击。这种冲击所带来的影响、持续的时间以及每个人的应对策略都有着很大的不同。因而基于外国专家这一群体的差异性和任务导向的特点,针对该群体的跨文化适应的研究应当聚焦个人在不同组织中的跨文化体验。

本书研究的创新点主要在于研究对象的创新和研究重点的创新两个方面:首先,研究对象着眼于在沪外国专家的跨文化适应性研究,在国际高层次人才交流日益频繁,国内大力扶持海外专家引进计划的背景下,本研究紧跟时代潮流,通过访谈深入了解外国专家这一群体的跨文化适应情况,全面呈现了外国专家在高校组织中的经历。其次,本研究聚焦于外国专家在中国高校组织文化中的适应情况,是对国内现有实证研究的重要补充,并且通过探索外国专家在国内高校组织中的感受与经历,以期为政策制定和管理部门提供一定的建议与参考,以便更好地促进高校的国际人才交流活动。

　　本研究的难点在以下两个方面:首先,质性访谈样本的获取。我国外国专家的总数较少,且大部分为讲座教授,每年仅有一至两个月的时间生活在我国,使得研究样本受限;外国专家工作比较繁忙,可能没有时间参加访谈研究;需要使用英语进行访谈,对研究者的英文水平提出了较高的要求。其次,质性访谈数据的收集与转录。访谈全程采用英语进行,部分外国专家来自非英语国家,有些在讲话时带有较为严重的口音,这在访谈阶段和数据分析阶段,都对访谈者的英文听力和理解能力提出了很高的要求,并为之后的录音转录以及工作造成了一定程度的困难,每部分都耗费了较长的时间。

　　综上所述,与其他针对外国专家的研究相比,本研究的独特之处在于,重点研究在沪上高校组织文化内担任全职科研与教学工作的外国专家,部分受访者还同时担任行政管理工作。与以往针对外籍语言教师的跨文化适应研究不同的是,本研究中接受访谈的外国专家多维度、深层次地体验着中国高校的组织文化,包括基金申请、教学任务、职位晋升等,他们在工作中所面临的问题与挑战,在很多方面与其他的中国学者别无二致。此外,"跨文化适应"这一变量,使得外国专家在中国的学术工作经历增添了一个更为丰富的层次,也使得外国专家与中国组织文化的互动充满独特性。

第二章　跨文化适应研究的
　　　　理论演进

　　跨文化适应研究是一个跨学科研究领域,该领域的理论演进过程与跨国移民实践紧密关联。随着 20 世纪伊始移民群体在世界范围内的流动,人类学和社会学领域的研究者聚焦移民群体在新的社会文化环境下的经历,开始了跨文化适应研究,探讨移民群体在母文化与当地文化差异的背景下建构移民文化的历程。在这一阶段,跨文化适应被定义为"当一群有着不同文化背景的个体与新的文化环境持续互动后所产生的现象"[24]。随后,跨文化适应研究的视角从群体转向个体,研究者们开始关注跨文化适应的主体,即旅居者,在进入到新的文化环境中所经历的适应过程,以及心理与行为层面针对文化差异所进行的调试。个体的跨文化适应研究主要集中于心理学和传播学领域。由于旅居者这一群体具有较大的差异性,跨文化适应研究逐渐扩展到教育学、管理学、医学、政治学等不同的领域,共同构成了目前跨文化适应领域的跨学科、多维度的发展现状[25]。

　　旅居者群体内部的差异性,使得跨文化适应的研究对象日趋丰富。最初跨文化适应研究所针对的人群分为旅居者和边缘人两种,前者被认为是在非本土文化环境中坚持本族群文化的人,在心理层面拒绝将自己当作永久居民融入当地文化中,后者则具备两种文化相融合的复杂性[26]。如今边缘人的概念已很少有研究者使用,旅居者被广泛地应用在跨文化适应研究中。目前该领域的研究对象主要有移民、难民和旅居者三种,前两者一般被认为是长期居住于某一社会文化中的非本土文化群体,旅居者相对来说停留时间较短[27]。从职业角度来看,跨文化适应研究的研究对象可以大致分为 14 个类型:留学生、商业外派人员、外交官或使馆工作人员、国际机构成员、外派技术人员、组织项目的参与人员、海外军人、移民、国际研究人员、旅行者、不同民族群体、跨民族交往项目、政策指导下集体搬迁的民族、跨国文化交流项目[28]。随着全球化的深入,跨文化适应领域的研究对象日益多样化,这也为该领域的发展提供了更多可能性。

学科术语的变化在一定程度上反映了跨文化适应研究领域的演进历程。"跨文化适应"在英文文献中对应着多个不同的英文术语,例如"Adjustment, Adaptation, Acculturation, Accommodation",这几种术语在跨文化研究领域内常常可以互换使用[29]。随着该学科领域的发展和细分,"Accommodation"的使用频率逐渐降低,"Acculturation"更常见于群体研究中,"Adjustment"和"Adaptation"这两个词在个体跨文化适应研究的相关文献中出现频率较高。沃德(Ward)及其同事通过对过往文献的梳理,总结出"Adjustment"和"Adaptation"在跨文化研究领域内的不同含义[30]。"Adjustment"一般用来描述心理层面以及情感层面的适应与调整,受到个性、生活经历、应对方式以及社交支持等多方面的影响。个体的"Cross-cultural Adjustment"体现了其维持内在稳定和平衡的调节过程,具体表现为个体在面对外部文化差异冲击时,主动通过感情层面的调试,适应外部环境的变化,维持内部稳定。与之相对的是,"Adaptation"用来描述个体的行为能力,主要受到跨文化学习能力和社交技能习得等因素的影响。"Cross-cultural Adaptation"体现了个体在与环境进行社会文化互动的过程中,通过行为和认知层面的调整,达到新的稳定与协调的社交状态。在后文进一步解释的 U 型曲线适应模型中,"Adjustment"一词常被用来描述一个人在遭受文化冲击时的反应,通常这个状态处于跨文化适应阶段的蜜月及沮丧期之后,适应期之前。由于本研究的调查对象为在沪外国专家的跨文化适应性,其更多涉及他们在新文化环境中心理、思想及行为上的调整或改变,因此,本研究中所提及的跨文化适应所对应的英文表述均为"Cross-Cultural Adaptation"。

作为一个融合了多种研究方法与研究视角的跨学科研究领域,跨文化适应研究有着丰富多样的理论建构,国内外学者针对跨文化适应的影响因素也开展了广泛的研究。接下来将分别从理论模型、影响因素和实证研究等方面对跨文化适应研究进行介绍与评述。

2.1 跨文化适应理论模型

2.1.1 跨文化适应阶段模型

在跨文化适应的理论研究中,许多学者对旅居者在新环境中的适应过程进行了规律性的总结,并以分阶段的方式呈现旅居者在新环境中适应情况的变化[31][32][33]。分阶段理论模型通常基于实证研究的结果,通过对群体的量表调查,形成跨文化适应整体过程的阶段性描述与总结。跨文化适应阶段模型主要包括跨文化适应曲线模型和多阶段模型。跨文化适应曲线模型以利兹格德(Lysgaard)提出的U型文化适应曲线[31]以及葛勒豪(Gullahorn)在此基础上提出的W型文化适应曲线为代表,其本质仍为分阶段的适应过程,以曲线的起伏作为不同阶段的边界,更强调各个阶段之间的过渡性与渐变性[34]。

利兹格德提出的U型曲线假设是最早的跨文化适应阶段模型。在考察了200名赴美访学的挪威学者的跨文化适应过程之后,利兹格德发现在美国停留时间少于6个月或多于18个月者的适应状况比停留时间介于6—18个月的学者更好。他认为跨文化适应是一个动态的过程,进入新环境的初期呈现兴奋状态,随后逐渐出现危机,最后在新的文化环境中逐渐适应。由于跨文化适应者满意度的变化趋势为"从高到低再到高",呈现为 U 型的适应过程,因此他提出了跨文化适应过程的 U 型曲线假设[31]。在此基础上,欧伯格(Oberg)提出了"文化休克"的概念,将利兹格德研究中发现的跨文化适应阶段加以命名,提出了跨文化适应过程所包含的四个阶段:蜜月期、危机期、恢复期以及适应期。其中第一阶段的蜜月期是指旅居者在此阶段对新的文化环境充满好奇和新鲜感,情绪较为兴奋、欣喜和乐观;第二阶段的危机期中,旅居者在跨文化初期所经历的兴奋感减弱,取而代之的是对新环境的偏见甚至敌对情绪,会用比较消极的态度看待当地的文化现象,情绪上感到茫然与受挫;进入第三阶段的恢复期时,由于经过一定时间的磨合和适应,旅居者的跨文化交际能力有所提高,能够更广泛地接触当地文化进行更广泛接触,从而对当地社会更加适应;第四阶段的适应期,旅居者对当地文化,逐渐克服生活中出现的难题,通过自身文化与当地文化的整合,旅居者开始在新的文化环境感到舒适[35]。与之相似的是格鲁夫(Grove)和陶比奥(Torbiorn)提出的跨文化适应四阶段模型,该模型关注两方面的内容:一是行为的适应性,即个体行为与其环境的一致性,也就是旅居者对于环境的适应状况;二是思想参照系的理性,即旅居者对于当地文化环境中所发生事情的感知。基于这两方面的研究,格鲁夫和陶比奥认为旅居者在刚进入新环境的时候,其行为的适应性处在一个比较低的水平,随着时间的推移和基本社交技能的掌握,旅居者的适应性呈斜线向上增长的趋势。当旅居者遇到跨文化问题时,其参照系的理性会快速下降至低谷,直到行为的适应性逐渐提高,参照系的理性才能逐渐恢复。该理论的四个阶段包括:适应性不足,理性较强;适应性和理性都不足;适应性较强,理性不足;适应性和理性都更强。相对来说,处于第四阶段的人,适应状况会更加好一些[36]。

奥德(Alder)提出的跨文化适应五阶段理论分别包括以下阶段:沟通、崩溃、改造、自主、独立。第一阶段,旅居者由于新的经历而感觉兴奋,对于自身与新文化环境之间的异同充满好奇。第二阶段,由于在新环境中的不恰当行为,旅居者在文化差异的比较中感受到了孤独和疏离。第三阶段是重新整合,旅居者通过与当地文化环境建立起社交联系,逐渐从最初由于负面反馈而产生的对新环境的抗拒,渐渐开始在新环境中获取自尊和自我认同。第四阶段是自主阶段,旅居者通过日渐增长的社交和语言能力获得了更多的自信,自身文化与当地文化的相似性和差异性对于他们来说并不非常重要。最后在独立阶段时,旅居者的情感、感知和行为更加独立,对自身文化与当地文化的相似性与差异性更加看重,通过自身的独立性帮助自己在心理和社会层面上生活地更加舒适[32]。葛勒豪等人的曲线适应模型总共有六个阶段,称为 W 型曲线适应模型,也称为双 U 型曲线适应模型。在该模型中,他们添加了回归原文化环境的适应阶段,认为旅居者在适应了当地文化和生活习惯之后,在回到母国时,往往需要重新适应母国文化,经历一定的"回归文化冲击"。这种适应过程是新一轮的 U 型跨文化适应调整过程,与之前在当地的 U 型曲线连接一起,形成一个 W 型的适应模型[34]。

2.1.2 跨文化学习理论模型

跨文化学习理论认为跨文化适应是学习当地文化知识与技能的过程,跨文化旅居者经历挫败之后并不会完全体现出精神病理的症状,而是通过对文化知识和技能的学习,逐步解决跨文化适应障碍,进而有效地与当地文化进行交流[37]。与跨文化适应阶段模型相比,跨文化学习理论模型具备开放性的结构特点,强调个体跨文化学习经历的差异性,面对障碍时的应对措施和跨文化适应发展路径都具有差异化的特点。跨文化学习理论模型的代表主要有安德森(Anderson)的认知-情感-行为三维度理论和金(Kim)的压力-适应-成长动态理论。

安德森提出的认知-情感-行为三维度理论主要有三个聚焦点。

一是立足于传播学的视角,将跨文化适应的重点放在对于跨文化交流技巧的学习,这对于个体的有效互动能力以及克服生活情境中的跨文化适应障碍有所帮助。第二个焦点是对于恰当社会行为的学习,旅居者通过观察和模仿,以及奖赏和惩罚机制学会辨别新的行为是否与当前的文化环境相匹配。第三个焦点将跨文化学习理论的学习过程描述为恢复和学习的过程,旅居者通过一步一步的跨文化学习,逐渐从对于陌生文化的漠视和否认过渡到理解和共情的状态[38]。安德森提出的跨文化学习理论共有六个过程,分别是:包含适应过程;隐含学习过程;隐含陌生人与主人的关系模式;具有循环性、持续性和交互性的特征;各个环节之间具有相关性;隐含个人发展的过程[38]。安德森的理论框架从谢弗(Shaffer)和肖本(Shoben)的跨文化学习理论发展而来,他们在研究中将跨文化适应过程描述为一系列完整的应对过程。当跨文化问题出现时,旅居者会感受到困难与阻碍,为了解决这一问题,旅居者会采取各种各样的方式来进行应对,直到最终找到一个解决方案;如果这个解决方案对于该问题产生了作用,则整个过程在需求被满足之后结束,若该解决方案不起作用,则解决问题的需求仍然存在(Shaffer and Shoben,1956)。安德森将跨文化学习理论原则与谢弗和肖本的跨文化适应过程研究结合起来,开发出了一个应对与学习过程的交互型路径模型,并在每一个阶段用认知、情感和行为三个维度对旅居者的选择和反应进行分析。这一路径模型没有将文化适应过程看作一个定向的过程,而是将其看作"对话的过程,并且有潜力演变成积极的或者消极的经历"[38]。安德森认为,在遇到与跨文化适应有关的问题时,由于个体的差异,旅居者会在相同的情境下产生不同的感受,对于其中的一部分人来说,这个问题会演变成一个阻碍,导致跨文化适应过程的不适。为了跨越这个阻碍,旅居者会分别在三个维度上对该问题做出回应。回应的结果有两种,一种是问题解决,旅居者克服了困难,学习了相应的跨文化技能;另一种是问题未被解决,该问题依然作为障碍横亘在旅居者面前,旅居者需要重返"回应"阶段,直到解决问题。如图2-1所示。

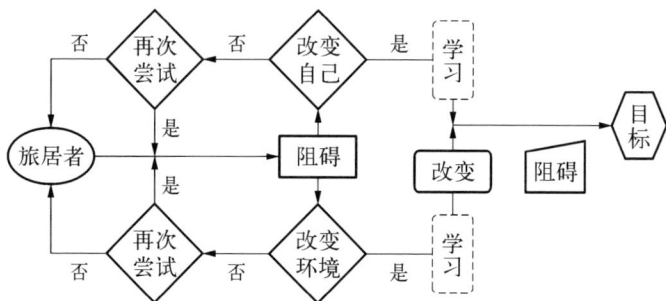

图2-1 跨文化适应过程示意图[38]

金的压力-适应-成长动态模型是压力应对理论中具有代表性的理论模型,如图2-2所示。压力应对理论将跨文化适应视作是一个应对压力的过程,当旅居者在跨文化适应的压力刺激下感知到生活各方面的变化时,该理论认为旅居者应当利用相关资源与应对策略来缓解压力。贝瑞(Berry)认为,引发跨文化适应障碍的因素有时是有益的,会给旅居者带来新的发展机遇,但有时也会给其带来压力,造成心理健康方面的问题[40]。该理论将个体与情境的特征共同融入跨文化适应的过程中,这些个体或情境的特征可能会阻碍或者促进跨文化适应。相比较来说,金对于跨文化适应过程持总体乐观态度,她将压力刺激下的跨文化适应经历看作是动态成长的过程,"压力"与"适应"在互相作用的过程中互相推动,呈现螺旋式上升趋势[41]。基于这种互动方式,压力-适应-成长模型认为文化休克是正常的心理现象,它在给个体带来压力的同时,也促使个体发生改变与成长。个体或群体的跨文化适应过程表现为螺旋式的上升轨迹,跨文化适应的过程中伴随着一定程度的原有观念或行为的丢失。跨文化适应的快慢取决于旅居者的人际交流能力、交流密切程度、与原有文化的交往程度、当地文化对外来文化的接纳程度,以及旅居者的年

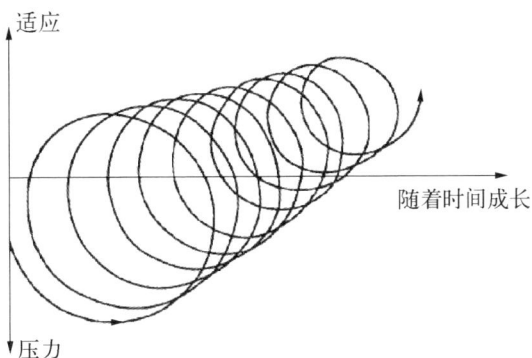

图 2‑2　适应‑压力‑成长模型示意图[41]

龄、性格、动机、自我形象等因素。

　　霍夫斯泰德认为,为了推动有效的跨文化适应,旅居者应当学习当地文化,意识到人们所具有的不同文化形态,学习适应不同的语言、行为模式和期待,在做出判断时将当地文化环境考虑在内,而不是基于他们自身的文化模式[42]。与之相似的是,博赫纳(Bochner)的研究认为,跨文化学习包含对于知识和技能的掌握,这两者均从实践中得来[43]。塔夫特(Taft)的研究中强调旅居者在文化适应过程中的匹配度,他认为在跨文化适应的过程中,旅居者需要学习新的文化规范,掌握恰当的文化行为,主动调整他们的自我观念来融入当地文化环境。当旅居者对于新规范和恰当行为的学习与自我观念的转变相一致时,适应过程会比较顺畅。与之相反,失败的跨文化适应过程主要来源于旅居者对新规范和恰当行为的学习与自我观念转变的节奏不一致[44]。

2.1.3　跨文化适应发展模型

　　跨文化适应发展模型与跨文化学习理论具有相似之处,均强调个体在跨文化适应过程中的主动学习与积累,但与之不同的是,跨文化适应发展模型通过结构化的分类,对个体的发展方向进行了预判。跨文化适应发展模型的维度划分多种多样，主要代表为贝奈特（Bennett）的跨文化敏感度理论，贝瑞的文化融合策略理论以及沃德的社会文化和心理适应理论。

贝奈特认为，跨文化敏感度是人们在不同文化环境中通过自身经历分析文化差异的方式，这既代表了一个人分析文化差异的能力，也指出了提高跨文化能力的方式。他强调在不同现实建构下的跨文化经历对于跨文化敏感度的提升有着关键的作用，因而理论上来说，跨文化经历对于跨文化能力的促进作用，得益于识别文化差异能力的提高[45]。该理论认为，跨文化敏感度并非天生形成，而是后天通过教育和培训习得，并且跨文化敏感度可能会随着时间出现反复和倒退，不一定是永久性习得的技能。贝奈特开发出的跨文化敏感度发展模型（Developmental Model of Intercultural Sensitivity，DMIS），如图2-3所示，它分为民族中心主义和民族相对主义两个层次，包含否认、防卫、最小化差异、接受、认知和行为适应、融合六个阶段，前三个阶段属于民族中心主义，而后三个阶段属于民族相对主义。第一阶段，否认，代表的是旅居者对于当地文化的良性成见。这一阶段有两个亚阶段，分别是孤立和隔离，在孤立阶段，由于与当地文化环境保持距离，旅居者不会遇到太多文化差异，甚至可以忽视差异的存在；在分离阶段，旅居者处于少数族群或者民族主义族群之中，已经可以意识到文化差异，但是刻意与其他族群保持隔离。第二阶段，防卫，意味着人们意识到了文化差异，并将其认为是对自身文化认同的心理威胁。在该阶段中，旅居者可能产生三种形式的防卫，分别是诋毁、优越以及逆转。在诋毁阶段，旅居者对于当地文化持有负面偏见，具有一定威胁性；优越阶段中，旅居者过分抬高他们自身的文化身份价值，并通过将当地文化降低到一个较为低的水平，来化解他们所感知到的文化威胁；逆转阶段指的是旅居者对于母文化的贬低，处在这一阶段的旅居者对于当地文化已经开始采取积极的态度。第三阶段，差异最小化，指的是人们认识到了文化差异，但是贬低它，并且将文化相似性置于他们世界观和现实的中心。该阶段包含肉体普世主义和卓越普世主义两部分,前者认为人的生理都一样,后者持有单一的哲学观和世界观,两者从不同的角度忽视文化差异。第四阶段,接受,指的是旅居者意识到文化差异并持有尊重的态度,包含尊重行为差异和尊重价值差异两部分,前者通过观察语言和非语言行为感知到行为层面上的差异,后者指的是尊重不同文化环境以及持有不同思想的人。第五阶段,适应,指的是旅居者不再局限于使用一种文化框架来判断跨文化经历,并且可以在跨文化交流中转换他们的行为和认知框架。该阶段包含两个部分,一是移情,即通过换位思考来尝试着理解他人,可以通过改变参照系来达到更加有效的交流;二是多元主义,即人们拥有多种文化建构理论来帮助他们解读事件,可以公正地看待文化差异与自身的文化解读。第六阶段,融合,指的是旅居者可以将所有的文化框架都压缩到一个新的参照系里面。在遇到陌生的文化环境时,这个新的参照系将会作为价值判断的基础,使得旅居者能够独立于所有文化框架之外来进行价值判断,由于他们不持有唯一的规范和价值判断体系,因而在陌生环境中不会感觉适应不良[46]。

跨文化敏感度的发展

经历文化差异 →

民族中心主义			民族相对主义		
否认	防卫	最小化差异	接受	适应	融合

图 2-3 跨文化敏感度发展模型[45]

贝瑞的文化融合策略将跨文化适应的研究视角设定为微观个体,研究个体在文化环境中主动选择的适应策略[47]。贝瑞的文化融合策略有两个维度:一个是保持对自己母文化的认同,另一个为保持与当地社会群体的关系,如图 2-4 所示。当这两个维度结合在一起时,可组成四种不同的文化融合策略。整合策略,旅居者认为保持自己的文化和与当地社会群体的关系同样重要;分离策略,旅居者只保持自己的文化,不看重与当地社会文化群体的关系;同化策略,旅居者看重与当地社会文化群体关系而不考虑保持自己的文化;边缘化策略,旅居者既不保持自己的文化,也不看重以及不接触其他文化群体[27]。这四种文化融合策略,通过心理层面的认同影响着旅居者在面对文化差异时的行为,进而影响着旅居者的跨文化适应水平。

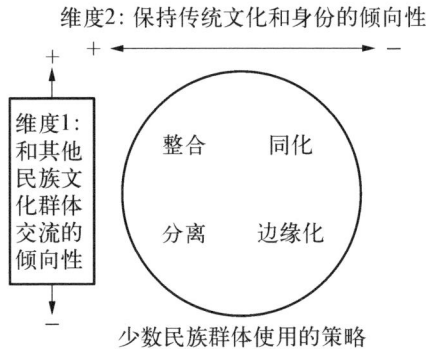

维度2: 保持传统文化和身份的倾向性

维度1: 和其他民族文化群体交流的倾向性

整合　　同化

分离　　边缘化

少数民族群体使用的策略

图 2-4　贝瑞的四种文化适应策略[27]

布莱克(Black)及其合作者参照贝瑞的文化融合策略理论,按照外派人员的认同感对其进行了分类,如表 2-1 所示,分类所依据的两个基本要素是,对于母公司的忠诚度和对于外派公司的忠诚度。当外派人员对于两个公司的忠诚度都很低的时候,被称为自由经纪人,他们可能在技能、语言和经历上有所优势,但对两方公司都不忠诚;当外派人员对于当地公司的忠诚度很高,对母公司的忠诚度却很低的时候,被称为本地化,他们对于当地文化的认同,使得他们在适应和工作成效方面表现良好,但在落实母公司工作目标方面表现有待提高;而当外派人员对于母公司的忠诚度比较高,对于当地公司的忠诚度比较低的时候,被称为母公司情怀,他们对母公司有令必行,但由于缺乏适应,在当地公司的工作效果并不理想;对两方公司都有较高忠诚度的被称为双重身份。虽然双重身份的外派人员总的来说是理想型的,但不同公司应当根据工作和项目的需求选择适合的员工类型。例如,一个急需技术输入的当地公司所期待的是一个具有母公司情怀的员工,而一个外向型公司则更适合录用擅长本地化的员工[48][49]。

表 2-1　文化融合策略与外派人员类型的对比

贝瑞[27]	布莱克[48]
同化	本地化
融合	双重身份
分离	母公司情怀
边缘	自由经纪人

范·欧登胡文(Van Oudenhoven)及其合作者将性格因素与四种类型的外派人员建立了关联,结果显示自由经纪人通常具有灵活性和冒险精神,本地化的外派人员具有文化移情的能力和外向性的特点,母公司情结的外派人员具有比较高的忠诚度和坚持不懈的品质,双重身份的外派人员在思想开放性和行动的定位方面表现较好[50]。衡量外派人员工作是否成功的核心要素是对当地环境的定位和适应,这与贝瑞在研究中推崇的同化与融合策略不谋而合。

沃德与其合作者提出的社会文化和心理适应理论涉及两个维度:心理适应和社会文化适应[30]。心理适应指的是影响心理健康或生活满意度的情感层面,社会文化适应则为旅居者适应东道国社会文化环境的能力,例如是否能与当地人群进行有效接触,以及能否在新文化环境中顺利进行日常生活。社会文化和心理适应理论从贝瑞的文化融合策略发展而来,沃德和肯尼迪(Kennedy)在研究中调查了 98 个新西兰国际组织的旅居者,发现在融合策略下,旅居者会产生较少的心理适应问题,而采取同化策略的旅居者会产生较少的社会文化适应问题。他们认为,同化策略意味着最少的社会文化适应问题,融合策略意味着最少的心理适应问题,而采取边缘和分离的旅居者,都遭遇着社会文化适应的挑战[51]。心理适应和社会文化适应相互关联,并且受到不同因素的影响。心理适应主要受到性格特征、生活变化、压力应对方式及社会支持的影响,跨文化适应障碍可能使旅居者产生压抑、焦虑、孤独等情感;社会文化适应则受到旅居时间的长短、文化距离、旅居者自身具备的文化知识以及与东道国人民交往频次等因素的影响。此外,沃德和肯尼迪基于社会文化和心理适应理论设计的社会文化适应问卷(Socio-cultural Adaptation Scale,SCAS)被广泛运用在跨文化适应领域的实证研究之中[30]。

2.1.4　跨文化适应理论模型评述

作为一个跨学科研究领域,跨文化适应研究通过丰富的学科视角对发展迅速的跨国移民实践进行研究。旅居者群体内部的差异性、学术术语使用的变化、研究方法的演进,见证了跨文化适应研究对象的日趋丰富,理论建构的日趋多样。随着全球化的深入,各国人才交流日益频繁,跨文化适应的研究对象也从最初的"移民、难民和旅居者",发展出了针对不同职业群体的跨文化适应研究,进一步聚焦跨文化群体内部的差异性和多样化。此外,研究术语的分化在一定程度上也反映了跨文化适应领域的理论演进,伴随着理论的丰富被赋予了更深层次的含义。从研究方法来看,跨文化适应研究在起步阶段通过准实验研究法描绘了文化群体的边界,随后通过量化研究方法确定了文化群体在不同文化维度中的位置。如今,跨文化适应研究从群体走向了个体,未来在研究方法和理论发展方面,都将会进一步拓展该领域的多样性。

跨文化适应过程分析的三种代表性理论模型各有侧重,各具特色。跨文化适应阶段模型,以其结构性的模型特点,在各类实证研究,尤其是量化研究中占据了重要的指导地位。跨文化适应阶段模型大都以时间作为区分不同阶段的主要因素,以跨文化障碍作为不同适应阶段之间发生转变的推动因素。旅居者在遇到跨文化适应冲击的时候,其适应状况会经历一个低谷期,随后状态缓慢爬升[32],这种冲击在旅居者的意识层面上所造成的改变,会撼动其先前的成见,但更加统一、跨文化的自我也将从废墟中建立起来。总的来看,跨文化适应阶段模型对于跨文化适应过程持较为乐观的态度,注重整体适应趋势的发展。相对于结构化的阶段理论模型,跨文化学习理论模型具备开放性的结构特点,更多强调的是跨文化适应的循环性和持续性。跨文化学习理论倾向于适应结果的开放性,即在面对文化障碍的时候,适应者可能会通过自身回应获取积极的或者消极的结果。跨文化学习理论模型将研究的重点聚焦在影响个体跨文化适应的单个事件,通过个体对该事件的反应和解决措施,来分析其跨文化适应的情况,更适用于对个体进行差异化的分析。跨文化适应发展模型兼具跨文化适应阶段模型和跨文化学习理论模型的特点,呈现出一定的发展性,既强调个体在跨文化适应过程中的主动学习与积累,又通过结构化的分类,对个体发展方向进行了预判。通过跨文化适应发展模型,旅居者可以更为清晰地定位自身在跨文化适应过程中的角色和阶段,并根据自身所处的情境选择合适的应对方式。这三种理论模型既有内在联系,也有各自的侧重之处,研究者可以根据特定的研究对象和研究目的来选择更适合自身研究的理论模型。总的来讲,跨文化适应学习理论更具开放性,对研究对象与研究结果的限制更少,在研究日益分化的旅居者群体时更具优势。

如今,全球化推动了不同文化之间的交流与互动,涌现出了越来越多的国际化人才,文化族群的多样性和族群内部的个体差异性都得到了空前的发展。跨文化适应的研究对象从群体走向了个体,未来在研究方法和理论发展方面,都将会进一步拓展该领域的研究深度与层次性。但与此同时,文化环境与经历对于个体的跨文化适应仍然起着决定性的作用,研究个体的跨文化适应经历不能够将旅居者与其文化群体分开讨论。随着移民群体的扩大,移民文化与当地文化不再是相互区隔的两个文化群体,而是相互影响的一个共同体,文化间的界限变得模糊。未来的研究中,跨文化适应的研究重点将集中在探究个体跨文化适应差异与其文化经历之间的联系,从而更深入地了解文化族群的特征,以及不同文化环境对于跨文化适应过程的影响。

2.2　跨文化适应影响因素

许多研究者致力于探究跨文化适应的影响因素,但由于跨文化适应过程的复杂性与个体差异性,很难穷尽所有相关的影响因素。前文提及沃德与肯尼迪等合作者提出了旅居者的跨文化适应所涉及的两个维度,心理适应和社会文化适应维度,此后针对这一理论所开发出的社会文化适应问卷,经过后续实证研究的反复验证,所包含的影响因素较为全面,并且具有很强的理论价值。沃德与肯尼迪发现,心理适应主要受到性格特征、生活变化、压力应对方式及社会支持的影响,并且这些因素可能使旅居者伴有压抑、孤独等情感。社会文化适应则受到旅居时间的长短、文化距离、旅居者自身具备的文化知识及与东道国人民交往的频次等因素的影响。结合其他学者在影响因素方面的研究,本研究将对人口统计学因素,之前海外经历,社会关系网络,文化距离等几个主要的影响因素进行梳理。

2.2.1　人口统计学因素

基于一定的理论基础,研究者们对于影响跨文化适应的因素进行了不懈的探索。贝瑞在提出文化融合策略理论之后,以文化融合压力作为共同的指标,对其过去十年内被研究的一千多个个体进行研究,结果表明,不同的人口统计变量(如性别、年龄、教育程度、认知方式等)及不同的社会因素(社会支持、联系等),会有不同的压力现象[52]。与之相似的一项研究在由韦斯曼（Weissman）和法纳姆共同展开，两人对美国旅居者到英国前及到英国后六个月的期望值和心智健康进行了测量，研究结果显示，期望值与多个人口统计学变量相关，尤其是心智健康；而心智健康与期望值的差异大小与旅居者的经历密切相关[53]。里布肯德（Liebkind）在贝瑞文化融合策略模型的基础上对 159 名难民及其父母或监护人的社会人口学特征、社会背景、移民前的创伤经历、移民后的文化融合经历、文化融合态度及预测文化融合水平以及感受到的压力，得出研究结果，文化融合态度及其文化融合水平取决于性别和代际差别所影响的文化融合压力，而文化融合态度可预测成年女人的压力症状[54]。然而在 2003 年汉莫（Hammer），贝奈特和怀斯曼（Wiseman）在前人研究的基础上，构建了跨文化发展量表，研究结果显示，性别只有在部分的子量表中对跨文化适应的结果产生了影响，而年龄、教育程度以及社会需求等方面并没有显著的差距[55]。

2.2.2　之前海外经历

多位学者的实证研究表明，之前旅居经历和跨文化适应之间有着正相关的关系，但这种正相关的关系需要把跨文化经历的时间跨度和这种经历的性质考虑在内，比如过去海外经历的种类。如果旅居者过去的海外经历与现在的经历之间有着比较大的文化距离，则可能不会促进当前的跨文化适应。马丁（Martin）研究了大学生跨文化能力与之前旅居经历之间的关系，研究对象包括没有海外经历的、少于 3 个月和 3—12 个月的学生，研究发现旅居者的跨文化竞争力与其之前海外经历的长度呈正相关，经历越多的，跨文化竞争力越强，而少于 3 个月的海外经历并不能够在跨文化交流中显著提升识别跨文化差异的能力[56]。此外，布莱克和格雷格森（Gregersen）的研究结果表明，过去的跨文化经历对旅居者目前的适应没有显著的影响，其中一个可能的原因是，该研究中受访者的曾经居住过的国家在文化维度上有较大差异。例如,如果旅居者充分的海外经历都局限于集体主义文化中,他们可能仍旧会在个人主义文化面前遭遇适应困难[48]。

2.2.3　社会关系网络

在社会关系网络理论的发展过程中,最为经典的理论为格兰诺维特(Granovetter)的弱关系的力量和伯特(Burt)的结构洞理论。格兰诺维特提出的弱关系的力量认为,弱关系在群体、组织之间建立纽带关系,而强关系维系着组织的内部关系[57];伯特的结构洞理论认为,群体之间的弱联系就是市场的社会结构中的洞。这些社会结构洞为那些横跨这些洞的个体创造了竞争优势,网络就是行动者之间的一种关系,在大多数情形下它指的就是社会关系网络[58]。社会关系网络是指一种或者多种人际关系相联系的人组成的集合。根据此定义,"人"指的是个人,"关系"是指这些人之间的相关性,构成了三种社会关系网络形式——整体网络、多模式网络以及个人网络[59]。出于研究需要,本研究聚焦在沪外国专家的个人网络,即由一个主角色和一些与主角色有关系的人组成,包括下列几个维度:网络规模、多样性、密度、紧密程度、联系频率以及所提供的支持等。

社会关系网络是一个或多个行动者之间的关系所组成一个相对稳定的社会集合,是影响旅居者在跨文化情境中对异文化的适应的重要社会环境因素。个体可以凭借自己的社会关系网络和通过社会关系网络的帮助,来获得各种资源的支持(如友谊、情感支持、金钱等),使其生活中所遭遇的危机和难题得以解决,并且能确保日常生活的正常运行得到维持[60]。沃德和德乌帕(Deuba)调查了东道国和母国文化对旅居者适应状况的影响。他们认为这两种文化都能成为旅居者有效的社会支持资源,其中来自东道国的社会支持对旅居者的认知和情感上的帮助影响更多。这是因为,通过与东道国文化背景的人进行接触和交往,不仅能得到有效信息,还能使其在情感上、道德上得到支持。同时这也能帮助旅居者提高语言能力,减少了过渡期的压力,促进他们对异文化的适应[61]。布莱克和格莱格森收集了220个在日本、韩国、中国香港和中国台湾地区的美国外派经理数据,检测之前海外工作经历、文化培训、在海外的时间、角色冲突、社会融入、社会和工作相关的适应、伴侣适应、文化新鲜度与跨文化适应之间的关系。结果显示,与当地居民的互动可以有效促进跨文化适应以及工作适应[49]。阿德曼(Adelman)在1988年的研究中,通过问卷的形式,对旅居者的社会人际关系进行探索,并对非亲密的社会支持(如店员、理发师、调酒师等)进行了一定的关注。研究结果显示,有相同旅居经历的同胞所提供的支持,对于旅居者克服跨文化冲击所带来的困难有着较好的影响[62]。与之相似的为沃德和拉娜(Rana)开展的一项研究,同样以问卷的形式,以身处尼泊尔的旅居者为研究对象,系统调查了母国文化与当地文化对旅居者的适应状况的影响。研究结果指出,母国文化和当地文化分别影响着旅居者的心理适应情况,并且来自母国的社会支持对留学生的认知和情感领域的影响更大[61]。

2.2.4 文化距离

文化距离(Cultural Distance)的概念,由巴比克(Babiker)与合作者在1980年提出,他们认为文化距离是旅居者体验到的压力与适应问题的调节变量,并且认为旅居者在感受到生活变化给人带来压力时,母文化与东道国文化的差异性会起到调节作用[63]。文化距离被定义为某个国家的文化规范与另外一个国家的文化规范之间差异程度。文化若按照社会文化特征进行划分,可被划分为一个或远或近连续体。文化距离的假说认为,旅居者的文化与东道国的文化之间距离越大,其跨文化适应就越困难[64]。

文化距离测量的方法可以大致分为三种:基于文化维度分值计算的文化距离、文化群距离以及感知文化距离。其中基于文化维度计算的文化距离里有克格特(Kogut)和辛格(Singh)在五个文化维度的基础之上提出的指数计算法(Cultural Distance Index);文化群距离

(Cultural Cluster Distance)则由克拉克(Clark)和普格(Pugh)提出的一种聚类方法以代替克格特和辛格的文化距离指数。他们把文化距离定义为:所在国(母国)所在的文化组别与目标国所在的文化组别之间文化差异的程度,可以把世界上的国家分为五类文化群;感知文化距离(Perceived Cultural Distance)指的是调研对象对母国和目标国之间文化差异程度的主观感知,主要通过调研对象对其感知到的文化差异进行测量。由于不同人对他国文化了解、文化适应的程度不同,所以运用感知文化距离直接测量可以更体现个人层次的差异[65]。

基于文化距离概念,旅居者在跨文化情境下对文化的适应问题的产生是由于其自身的文化与东道国文化之间存有差异而引起的。理论上分析,不同人的文化和社会背景、生活方式、性格、受教育情况、信仰、经济条件、爱好等等都存在不同程度的差异。这样,在交际时双方对信息的理解不可能百分之百相同,由此产生误解,甚至造成冲突[66]。在这样的差异下,来自不同文化背景的个体之间的沟通和交往就越困难,越难以相互理解和包容,这样一来,旅居者对新文化的适应就越困难。弗汉姆(Furham)和博赫纳(Bochner)对在英国的美国学生的实证研究也证明了这一点。与美国文化距离较近的群体,如北欧和西欧国家法国、新西兰和瑞典,产生的适应困难最小,而与美国文化距离中等的群体,如南欧和南美(意大利、西班牙、巴西等)产生的问题居第二位,与美国文化距离最远的群体,中东和亚洲(埃及、苏丹、印尼和日本)产生的适应困难最多[67]。

2.3 国内外研究进展评述

2.3.1 国外跨文化实证研究评述

许多理论的发展与改进,都与实证研究密切相关,并通过进一步的实践对其进行逐步的完善。沃德和肯尼迪在 1994 和 1996 年分别对身在海外的新西兰政府雇员以及在新西兰生活的马来西亚以及新加坡留学生进行研究,前一项研究通过测试四种文化融合态度(整合、分离、同化、边缘化)与旅居者的心理适应、社会文化适应之间的关系,发现采用整合态度的政府雇员比采取同化态度的政府雇员表现出的心理适应问题少,而采用分离态度的人,社会文化适应水平较低,采用同化和整合态度的人社会文化适应水平最高;后一项研究采用纵向研究的方法,发现在新西兰的留学生会在刚抵达的第一个月经历较大的心理适应以及社会文化适应,并呈现一定的抑郁状态,其抑郁程度在留学六个月之后显著下降,但之后又会轻微上升[51][30]。该研究发现与欧伯格四阶段论中以蜜月期开始有些不同。此后,沃德与其合作者在随后的问卷研究中进一步对此进行探究,以纵贯视角研究在新西兰的日本学生在社会文化适应和心理适应的情况。研究者分别在四个时间段(抵达新西兰 24 小时内,4 个月后,6 个月后以及 12 个月后)以问卷的形式测试 35 名初到新西兰的日本学生的心理适应以及社会文化适应情况,研究结果显示学生们刚抵达新西兰时适应程度最低,在最初的 4 个月以可预见的速度上升,之后趋于稳定[30]。

随着信息技术的迅速发展,互联网和信息获取方式也逐渐成为一个影响跨文化适应的因素,被纳入研究者的研究视野范围之内。基于金的跨文化适应模型理论对在美的韩国外派人士进行深入访谈的过程中,研究者发现外派人员的当地语言能力、文化知识、对文化差异所表示的言行举止以及工作方式成为韩籍外派人员心理适应的重要因素,并且外派人员与同事之间积极与真诚的关系也有助于他们适应海外生活。此外,该研究发现,信息传播可以促进外派人员在陌生文化环境中的心理健康。之后的研究中,学者通过实证研究提出,孤独、英语能力、分离态度、觉得使用互联网方便的动机,可以预测学生的跨文化适应类型。在金发表的一篇文章中,她提出研究证明,青少年韩国移民者的心理健康与其在东道国的交际能力、东道国人际交往以及东道国媒体交际相关[68]。

由于有着较为悠久的理论研究传统,国外的早期文献集中在通过实证研究对理论框架进行探索,研究者们在极富多样性的时间以及空间背景下,贡献出了许多或聚焦或全面的理论分析模型,为后续的实证研究提供了有力的支持。与此同时,国外的实证研究依托现有的理论模型,对框架和思路都进行了不断地完善和补充,使得跨文化研究愈发全面深入,无论是在研究对象,研究方法和研究角度上,都达到了空前的多样性。然而,国外对于外国专家的组织文化适应的实证研究,多以管理学的视角,采用量表对其工作效率和影响因素进行测定,缺少基于心理学和社会学研究方法的分析与探索。综上所述,本研究针对研究对象(外国专家)和所处环境(组织文化)的特点,选取了文化学习理论中的认知-情感-行为理论作为主要的分析框架,辅以组织文化层次,跨文化适应策略模型以及多种跨文化影响因素的分析,对于外国专家在中国高校组织文化中的跨文化适应经历进行深入的探索。

2.3.2　国内跨文化适应研究评述

由于我国的跨文化研究与国外相比,尚属起步阶段,因而许多综述类的相关文献,聚焦在对国外相关理论体系的介绍和分析。例如,孙进将西方的文化适应领域的研究进行了较为全面的综述,不但对英语语境下的理论模型进行了详细的阐述,也将德国学者丹沃特(Danckwortt)的研究进行了介绍,将其首次引入了国内研究体系。李萍和孙芳萍的综述中,将理论模型按照不同的维度进行介绍,在此基础上,对影响跨文化适应的社会文化因素和个人因素进行了整理介绍,并且将跨文化适应的具体对策进行了阐述[69]。李加莉和单波的综述中,从心理学、传播学和人类学等方面总结分析了跨文化适应研究的路径与问题,展现了跨文化适应相关领域的研究进展,拓宽了研究视角[70]。除了一般性的跨文化研究之外,聚焦于特殊人群的跨文化适应研究也是学者们关注的重要方面。在国内的文献中,最常涉及的跨文化适应研究的目标人群为留学生和外派人员。万梅在对国内留学生跨文化适应研究的综述中,将相关研究的学科视角归类为跨文化心理学、跨文化交际学、比较教育学等方面,并且在对之前研究和文献进行梳理的基础上,针对实证研究所反映出来的问题,提出了解决留学生跨文化适应问题的方式[71]。何燕珍和王玉梅将研究聚焦在外派人员的跨文化适应中,梳理出了影响因素、结果变量、研究方法以及研究视角,并且建议未来研究应拓展到更加广泛的文化环境之中[81]。在此基础上,刘俊振对于外派人员跨文化适应的影响因素、内在系统构成与机制以及跨文化成功的衡量进行了整理和介绍[72][73]。然而曹礼平和李元旭在对之前研究的梳理中发现,国内有关外派人员的理论研究起步相对较晚,仍处在借鉴发展的阶段,许多研究都集中在管理过程的某个环节,缺少系统性理论体系的构建[74]。

此外,在引进西方先进理论和翔实的文献综述基础上,我国跨文化适应的实证研究在近十年来也有了长足的发展,体现在研究对象、应用理论以及研究方法的多样化。从研究对象来看,国内实证研究主要聚焦在对留学生和外派人员的研究上,只有极少数的研究聚焦外籍教师以及外派学术人员。在针对留学生的研究中,对研究对象有着所在地域以及国籍的限制,例如在京韩国留学生[75]、来华印尼留学生[76]、非洲来华留学生[77]等,也有针对某高校或者某城市内所有留学生的研究,对不同留学群体的共性和差异进行探索。

在研究方法上,学者们采用的方法较为多样,主要有基于调查问卷的量化研究,基于访谈的质性研究,最常见的研究方式是调查问卷和访谈相结合的混合研究方法。吕玉兰在对来华欧美留学生的研究中,采用了定性与定量结合的研究方法,对留学生的生活适应、学习适应、交际适应和思维情况等方面进行了深入的描写和分析,并且提出了观光心理阶段、严重文化休克阶段和文化基本适应阶段的过程阶段划分[78]。陈慧通过开放性的问卷调查,收集了留学生在生活适应、公德意识适应、交往适应、社会支持适应、服务模式适应、社会环境适应以及当地人生活习惯适应等方面的经历与感受,并且通过留学生的适应经历,对中国的价值观念进行了反思[79]。阎琨对在美国的中国留学生进行了访谈,从学业方面、社会文化方面和个人生活等方面了解了他们在美国求学过程中所经历的压力与挑战,并且通过大数据对在美留学的中国留学生进行了较为全面的群体描写[80]。李冬梅和李营基于广西师范大学的越南留学生群体,采用了调查问卷结合深度访谈的研究方法,对该群体的人际交往、社会文化和学术生活的适应进行了研究,发现跨文化适应过程中最突出的问题是语言障碍、身份认同和沟通方式的差异,并且来自越南不同地区的学生跨文化适应水平有所不同[81]。国内针对留学生的跨文化研究,在西方理论的基础上,通过本地化的过程,使得问卷更加契合中国文化语境下的特殊性。但尚存不足的是,被广泛应用的质性研究方法,仍然停留在对于现象的描述和归类,缺乏深入的分析,这一点值得在以后的研究中进一步加强。

　　与留学生跨文化适应研究相似,外派人员的跨文化适应实证研究多采用上述研究方法,对外派过程的具体环节、影响因素以及成果进行研究,更加偏重研究在人力资源领域的借鉴意义。虽然针对留学生和外派人员的研究都日趋丰富与成熟,介于学术人员和工作人员两重角色之间的学术外派人员却没有受到足够的重视。王利平等在2008年通过自己设计调查问卷的方式,对重庆高校的外籍教师文化适应状况进行了调查研究,内容涉及社会文化适应状况、问题和困难、社会支持等方面[82]。段灵华从外派人员跨文化适应的视角对中国高校的外籍教师进行了研究,采用先访谈再发放问卷调查的方法,研究结果反映出外籍教师跨文化适应的整体情况较好,影响外籍教师跨文化适应的因素包括:文化差异、旅居时间、社会支持、语言能力、跨文化经验、跨文化适应的能力等[83]。严文华进一步将研究对象聚焦在学者层面,他研究了99名在德国的中国学生和学者的社会文化、学习工作适应,并没有在总体适应和单个应激源之间发现显著的相关关系[84]。王泽宇等针对外派学者开展了一系列的研究,内容包括文化距离在工作适应中的作用以及外派学者的文化智力、文化新颖性和文化距离的研究[85],主要参考了塞尔玛(Selmer)的研究[86][87],并对其进行了拓展和丰富。通过梳理外派人员跨文化适应的文献,发现国内对于该领域的研究仍然偏重量化和群体研究,缺少对于个体跨文化适应的探讨,并且在外派学者的相关研究方面,创新性有所不足,有待在今后的研究中进一步加强。

　　伴随着我国各领域的对外开放以及国际交流的增多,国内跨文化适应研究在近年来有了蓬勃的发展,学者们将理论模型引入国内,开展了许多实证研究。从研究对象上看,国内的研究主要集中在对留学生的跨文化适应以及对于外派人员的跨文化适应的研究,对于外派学者的实证和理论研究都亟待加强。从研究方法上看,国内研究方法多样,以定量研究和混合研究方法为主,对于质性访谈数据和个体跨文化适应的分析还不够深入。综上所述,本研究聚焦外国专家在组织文化中的跨文化适应,并且采用深度访谈方法进行质性数据获取,无论是在实证研究方面还是政策建议方面,都对已有的研究进行了补充和创新。

第三章 在沪高校外国专家跨文化
适应研究的质性方法

3.1 核 心 概 念

1. 外国专家

本研究中所涉及的"外国专家"的概念,特指在沪上高校工作的外国学者,承担一定的教学、科研或者管理任务,并且有着较为充分的在中国工作生活的经历(长期工作或者短期多次工作经历)。具体的研究对象为受聘于上海"985"和"211"高校及其中外合作办学学院,从事教学、科研或者管理工作的外国专家学者。作为国内水平较高的研究型大学,"985"和"211"高校近年来响应全球化的发展和高等教育领域的国际化战略,推进了一系列改革举措,与国外知名大学进行了形式多样的合作,这使得"985"和"211"高校内的外国专家的数量和质量相较于其他高校具有一定优势。对于中外合作小学学院来说,其自身的"中外合作"特质,也为研究外国专家的跨文化适应提供了理想的组织文化环境。

本研究将外国专家的工作单位划分为合作学院和普通学院两类,具体划分标准如下:合作学院指的是学院名称中标明中外联合办学特征的学院,上海地区的合作学院具体指的是:上海交大-巴黎高科卓越工程师学院,上海交大-密歇根学院,中欧国际工商学院,上海-汉堡国际工程学院,上海理工大学中英学院,同济中德学院,同济中西学院,同济大学中德工程学院,中法 MBA 学院,同济中意学院,同济中芬中心,同济 UNEP 学院,华东理工大学中德工学院,东华大学来福士国际设计专修学院,东华大学上海国际时尚创意学院,上海大学中欧工程技术学院。其他学院则划归为普通学院。

2. 组织文化

本研究中所采用的组织文化的概念,来自沙因(Schein)在 1985 年提出的概念性定义,即"一个群体在解决其外部适应性问题以及内部整合问题时习得的一种共享的基本假设模式,它在解决此类问题时被证明很有效,因此对于新成员来说,在涉及此类问题时这种假设模式是一种正确的感知、思考和感受的方式",具体包含可观察的人为表象,价值观和基本的潜在假设三个层次[88]。沙因定义的独特之处在于,他将文化看做一个动态过程,是组织成员社会学习的产物,因而该定义也可以与跨文化适应理论中的学习理论相结合,共同解释组织成员的文化学习动机。在进入新的组织环境时,成员为了降低适应过程中的焦虑与痛苦,自发学习组织文化中的基本假设,并通过自我防卫机制的形成,来调整和治愈焦虑与创伤。当其受到基本假设的正向奖励时,便完成了学习的过程,实现了进入一个新的组织文化环境过程中的经验积累。

3. 跨文化适应

通过 2.1.4 章节中对于不同的跨文化适应概念的辨析,本研究认为:基于访谈对象在沪跨文化适应经历的长期性,以及访谈过程中的回忆性特质,相较于描述个体在遇到文化冲击时短期反应的"Adjustment","Adaptation"能够更好地从整体上描述个体在新的文化环境中,从心理上、行为上和思想上所经历的全方位的冲击与改变,因此本研究在进行文献检索和理论框架建构的过程中,均采用了"Cross-Cultural Adaptation"作为与跨文化适应相对应的英文表达。本研究中,跨文化适应性的概念如下:个体在经历环境文化变化时

（即跨越不同的行为规范、价值观、隐含信念和基本假设的现象和过程），所做出的个体心理及行为的调适，使其能在工作和生活等方面减少冲突及压力，在心理上增加舒适感及自在感，并能够锻炼出相应的跨文化交际能力。

3.2 研究方法

本研究采用质性研究方法，根据理论框架设计出相关的问题提纲，在收集访谈数据之后，采用质性数据分析软件 MaxQDA 进行辅助分析。具体的访谈设计与访谈过程将在下文中进行详细介绍。

1. 访谈设计

本研究采用深度访谈的方法，在研究中采用半结构式进行访谈，在开展预访谈和正式访谈之前，已经通过对文献的梳理，确立了访谈框架，详情见附录一所示。该框架主要包含三个方面：受访者背景情况的了解，询问其在中国的生活与工作中遇到了哪些困难，询问其如何应对这些挑战，最后通过本研究向所在学院提出进一步改进的建议。第一部分作为访谈的预热和相互熟悉的阶段，通过询问一些基本情况和比较容易回答的问题，帮助受访者适应访谈的气氛和环境，对其背景信息和来中国之前的经历进行了解。例：您来中国多长时间了？您为什么选择来中国工作？来中国之前对这里有怎样的印象？对这里的生活有怎样的期待？在第二部分中，请受访者回忆刚来中国时的感受与经历，并根据其回答，进一步询问其遇到的文化适应困难，以及具体的表现形式。例：您在刚来上海的时候遇到过哪些困难？可否举一个具体的例子或者用一个具体的事件来描述您所遇到的困难？您有怎样的感受？第三部分中，将访谈的重点聚焦于受访者的工作环境，在前一部分的基础上，引导受访者回忆刚来中国工作时的感受与经历,询问其在入职流程、工作内容、工作自由度和同事关系等具体方面所遇到的困难,并且询问其对所在学院的建议。例:您在工作中遇到过哪些困难?您是怎样处理这个问题的?您对学院有怎样的意见和建议?

2. 预访谈

基于上述的访谈框架,预访谈在两名外国教师和两名外国留学生中展开。在预访谈的过程中,基于受访者的回答、建议以及研究者的自我反思,对访谈框架进行了一些补充和修改。第二部分中,在询问受访者比较有代表性的困难时,考虑到部分受访者可能会不知从何讲起,研究者会引导受访者在以下几个方面反思自己所经历的适应困难或文化差异:业余活动、当地朋友、聊天内容、价值观、公共服务领域、政府部门、城市环境、公民素养、饮食卫生、家庭对于跨文化适应的影响。第三部分中,为了更加全面、细致地了解外国专家的工作情况,将该部分划分为个人、合作与组织关系三个层面。在个人层面关注工作内容、工作自由度、工作量以及工作满意度;在合作层面,关注受访者与中国同事的沟通情况、合作深度与广度、是否产生冲突与摩擦以及受访者对于合作者的评价;在组织关系方面,关注组织内的工作态度、工作环境、工作支持、行政体系效率以及上下级沟通情况。此外,通过受访者对其所在学院和即将来中国的学者所提出的建议,进一步了解受访者的诉求,并且对该部分的内容进行深入挖掘。访谈的最后,研究者会请外国专家画一条曲线来描述自己从刚来中国到目前为止的整体适应过程,通过这种方式可以很直观地了解外国专家在一定的时间跨度内,对于自身跨文化适应状态的感受。

3. 访谈过程

在对访谈提纲进行完善之后,研究者正式开始对已经回复邮件同意参加研究的外国专家进行访谈。访谈开始之前,研究者通过电子邮件将英文版的访谈提纲和知情同意书发送给外国专家,帮助其提前了解访谈内容,并告知访谈过程会被录音。在访谈中,有一名外国专家拒绝了录音的请求,但同意研究者对其所讲内容进行笔记,研究者在访谈结束之后根据笔记复原了访谈要点。访谈的具体方法为半结构式,因此访谈前半程主要询问已经准备好访谈框架内的问题,访谈后半程的问题会随着受访者的回答而进行添加或修改。在访谈进行过程中,有些访谈对象会提到一些前期没有准备到的问题,这些问题如果与本研究所要解决的问题相契合的话,会添加到访谈框架之中,在后续的访谈中收集这方面的数据。访谈在外国专家的办公室或者是比较安静的咖啡厅进行,使用录音笔进行录音,时间长度控制在 50—70 分钟左右,在个别情况下,应受访者的要求,访谈时间有所延长,最长至 133 分钟。访谈结束之后,研究者发送电子邮件询问是否仍有内容想要补充。通过此方式,研究者也收获了一些访谈之外的信息,例如个人自传、反思与感想等,并且在与其中一位访谈对象的交流中得到了第二次访谈的机会。在访谈过程中,访谈框架逐渐充实、立体,研究者也与受访者建立了良好的关系,受访者也对研究的今后方向、改进思路与研究反思提出了很多建设性的想法。

4. 数据分析

在数据分析阶段,本研究采用了质性数据分析软件 MaxQDA 作为辅助分析软件,对所有的质性访谈数据进行了三轮编码处理。在访谈过程中,经受访者授权,研究者总共获取了 20 份录音材料,总时长约为 23.5 个小时,历时一个多月将所有音频文件转录成文字。由于质性研究是以人为主要分析工具的研究方法,笔者作为研究的分析者,在质性数据分析软件 MaxQDA 的辅助下,采用了类属分析和情境分析的编码方式,对所有的质性访谈数据进行了三轮编码处理[89]。在第一轮编码中,研究者基于访谈资料本身,对于受访者的回答进行开放编码。在第二轮编码中,研究者基于第一轮编码的结果,结合本研究的理论框架,根据编码之间的类属关系进行合并,提炼出归类之后的概念,并根据归类和整合的结果梳理出编码之间的逻辑与类属关系;对于信息量较为丰富的个案,研究者采用了情境分析的方式,对受访者的经历进行主轴编码的处理,综合因果条件、现象、情境、策略、干预条件和结果等环节,形成完整的故事线与范式模型。第三轮编码开始于第二轮编码结束之后的一个月,以理论框架为出发点,对所有访谈资料进行全新的编码,并将编码结果与前两轮的编码结果进行比对,进一步修整和查漏之前的分析过程,完成整体的编码分析框架。在完成编码分析之后,结合本研究的理论框架和基础,研究者对访谈资料进行了系统性的梳理和深入解读,在已有的类属框架下进行分类撰写,并辅之以内容翔实的个案分析。为了最大程度降低语言因素对于分析外国专家的访谈内容的影响,本研究在数据收集、转录以及编码分析阶段使用的工作语言是英文,在研究的撰写成文的阶段将所有用到的引文、数据及编码翻译成了中文。

5. 信度与效度

在质性研究中,信度与效度在访谈和数据分析环节都有着非常重要的地位。麦克斯韦尔(Maxwell)认为,数据的收集过程中,对信息的描述和解读可能会对质性研究信效度造成威胁,研究者应力求获取"丰富的"数据信息[90]。为了最大限度地还原访谈的内容,本研究采用了录音的方式记录访谈的所有信息,并且要求转录人员进行逐字逐句的文本转录。为了避免转录人员因受访者口音问题和专业知识的不熟悉而造成对文本的误读,研究者对每一个转录文本进行了逐词的校对,以保证最大限度上还原访谈内容。尽管如此,仍然有少量的访谈信息因为口音和表述问题无法辨识。对于造成理解障碍的关键性内容缺漏,研究者通过邮件方式询问了相关的受访者;而对于不影响语意理解的缺漏,研究者选择忽略以保证研究进度。此外,研究者通过征求反馈的方式对研究设计与访谈提纲进行了持续的修改和完善。在研究设计阶段,研究者广泛征求了多位相关研究者的意见,对研究设计和提纲进行了针对性的修改。在预访谈和访谈过程中,研究者在访谈结束时询问受访者的反馈意见,其中也不乏来自社会科学与人类学家的专业建议,这对于本研究的信效度有着很大的帮助。最后,在质性数据分析的过程中,研究者在不同的时间阶段内对于数据进行了三轮编码,通过多次编码之间的对比和校正,保证了研究的信效度。

6. 研究伦理

研究者在资料收集、数据分析和解释以及论文写作过程中,都充分考虑了研究伦理,保障了受访者的权益。受访者在访谈之前,已通过邮件接收到研究介绍、知情同意书以及访谈提纲,对于研究内容和研究伦理都有了初步的了解。研究者在发给受访者的邮件正文中明确阐述,本研究自愿参加,不提供报酬,访谈的全程会进行录音,所有的音频和文字材料都采取编码的形式,研究发表时受访者的个人信息将会进行匿名处理,对可能暴露受访者信息的相关内容进行相应处理。在访谈开始之前,研究者会重申以上的内容,在征得受访者的同意之后打开录音笔。在访谈进行过程中,受访者有权拒绝回答任何问题,访谈结束之后如果受访者决定退出研究,可以在访谈结束之后数周内联系研究者,所有与其相关的资料都将会被撤出。在收集完访谈资料之后,与访谈有关的录音与文字材料均由研究者加密保管,接触到音频和文字材料的录音转录人员,均已被要求签署保密协议书,以保证不会将录音的内容泄露给第三方,否则将会承担相应的法律责任。此后的数据分析过程均由研究者独自完成。在数据解释和论文写作过程中,考虑到外国专家群体的特殊性,学校及其所在专业的同时暴露会具有十分明确的指向性,因而研究者在分析中隐去了所有受访者所在高校的名称。在必须提及受访者个人经历的部分,研究者对于受访者的个人背景信息进行了模糊处理,以保证利益相关者无法从本研究的叙述与分析中判断受访者的具体身份。

3.3　在沪高校外国专家概况

3.3.1　在沪高校外国专家的总体情况

本研究对于沪上"985"和"211"高校的官方网站公布的师资信息进行了收集和整理,总共获取了281位外国专家的个人简历信息。由于部分网站信息不完整,本研究使用了"谷歌学术搜索"中的学术档案功能,作为获取外国专家个人信息的辅助工具。图3-1~3-5展示了基于外国专家个人简历信息得出的描述性统计分析结果,并结合普通学院与合作学院的特征分析,指导本研究的抽样方法。在性别方面,无论是普通学院还是合作学院,女性学者的比例都非常低;学历方面,获得博士学位的外国专家占绝大多数,未取得博士学位的这部分外国专家,主要集中在

普通学院与合作学院人数

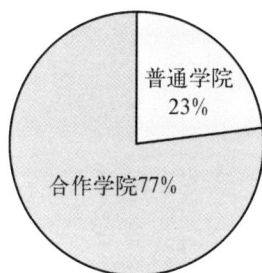

图3-1　沪上高校普通学院与合作学院中外国专家人数比

性别分布-普通学院

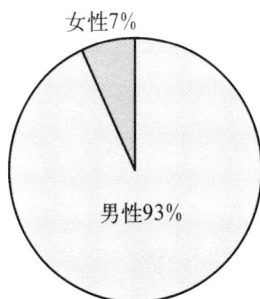

性别分布-合作学院

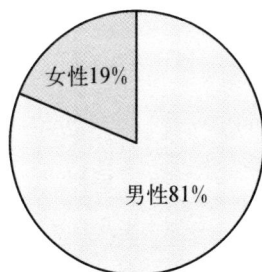

图3-2　沪上高校普通学院与合作学院中外国专家性别分布

学历分布-普通学院

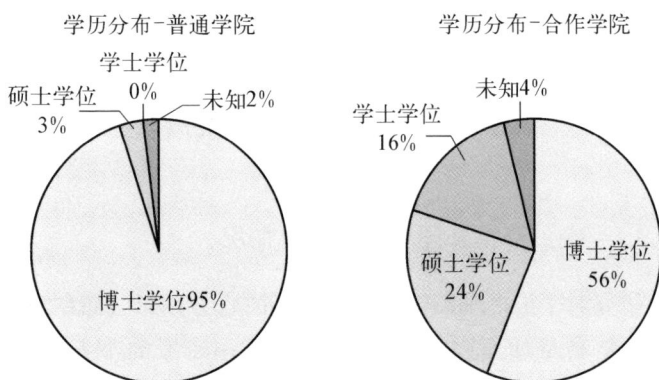

学历分布-合作学院

图 3-3　沪上高校普通学院与合作学院中外国专家学历分布

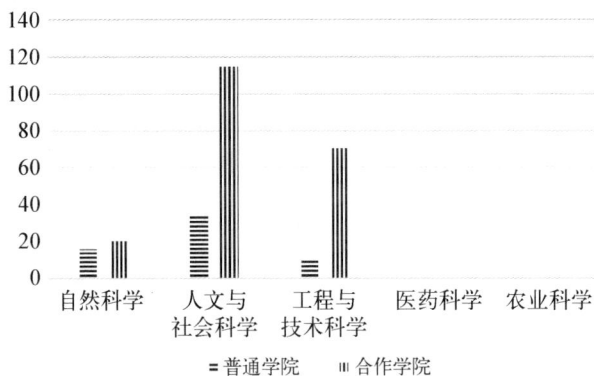

图 3-4　沪上高校普通学院与合作学院中外国专家学科分布

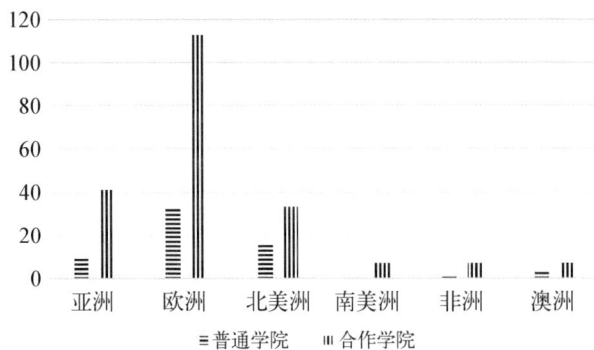

图 3-5　沪上高校普通学院与合作学院中外国专家国籍分布

设计和艺术等对实践能力要求较高的领域；国籍方面，具有欧洲、北美洲、澳洲等传统意义上"西方"文化背景的外国专家占绝大多数，来自亚洲国家的外国专家只占少部分。

　　了解普通学院与合作学院之间的差异，对于选取适合本研究的访谈样本有着重要的作用。通过访谈普通学院和合作学院的外国专家得知，这两种类型的学院在很多方面有不同之处。首先，外国专家的数量存在差异。合作学院中，通常有一半左右的教职人员来自外方合作学院，国际化的氛围较为浓厚；而普通学院中，很少有外国专家担任全职工作，最普遍的情况是一个学院只有一到两位外国专家，许多学院甚至一位外国专家也没有，这使得进入到这种环境的外国专家有更多的机会接触到中国组织文化。其次，管理层的组成差异。普通学院的管理层基本由中国学者担任，管理模式和规章制度都沿用了中国大学的章程；合作学院的管理层通常由中方和外方各派一人，某些学院是由外方担任管理层，这样使得合作学院的管理模式在保留中国特色的同时，具备了外方的部分管理特点。最后，教职人员的职责差异。由于本研究将研究对象限定在"985"高校之中，因而受聘于普通学院的外国专家需要与中国学者一样，同时承担教学与科研任务。然而许多合作学院的办学模式是授课制，多数教职人员只负责教课，并不承担科研任务，另有一些合作学院聘请的外国专家是兼职人员，较少有机会与中国组织文化产生交集。

3.3.2　本研究的抽样方法

　　为了全面地考察外国专家群体的跨文化适应经历，本研究采用目的抽样法，辅以"滚雪球"的抽样方法。抽样标准包括以下几个方面。

　　第一，扩大在普通学院任职的外国专家邀约比例。在预访谈的过程中，研究者已经通过普通学院与合作学院的教授了解到了两类学院的不同组织文化环境的概况，因而在进行正式样本选择的过程

中,研究者有意加大了在普通学院发放邀请信的比例。任职于普通学院的外国专家有以下三个特点与本研究更为契合:

(1)普通学院的组织文化环境相较于合作学院的国际化程度较低,外国专家的数目较少,因而外国专家在普通学院中有更多的机会接触中国高校的组织文化。

(2)普通学院中的外国专家在承担教学任务的同时,往往肩负着科研任务或管理任务,因而此类专家的跨文化适应经历更具层次性与复杂性。

(3)普通学院中的外国专家一般都与学校签订少则三年多至五年的合同,时间比较长,跨文化经历相应较多。合作学院的相关情况在其官方网页上无详细阐述,在后续邮件沟通中了解到,多数在合作学院教课的教授,仅与学校签订了短期合同或者承担兼职教学工作,因而每年只需要在中国停留几个月。

第二,抽样时考虑样本的多样性。由于外国专家群体的内部差异较大,本研究为了提高质性访谈资料的充实性和丰富性,在加大了普通学院邀请比例的基础上,对于女性学者和亚洲、南美洲、非洲学者都给予了额外的重视,以期在不同的性别、国籍以及学科方向上,都能够收集到翔实的资料。由于邀请邮件的回复率有限,加上许多学校网站的信息更新不及时,有些外国专家在接收到邀请邮件时已经离开中国,因而本研究根据实际情况,采取"滚雪球"的抽样方法,在受访者的介绍与引荐下,联系到他们的同事和朋友们参加本研究的访谈。

最终,有14位外国专家通过回复邀请邮件的方式加入了本研究之中,6位外国专家通过"滚雪球"的方法加入本研究,另有1位外国专家因为与研究者的私人联系而接受了访谈。最终参加本研究的外国专家概况如表3-1所示。为了保护访谈受访者的个人信息,本研究在进行访谈数据归档时采用了代码的标注方式取代受访者的姓名。最终接受访谈的21位外国专家中,在沪上高校全职工作的有17人,约占80.9%,担任客座教授/讲座教授/访问学者的有4人,约占

19.1%。在全职工作的学者中,共有教授 7 人(41.1%),副教授 5 人(29.4%),讲师 2 人(其中一位讲师同时担任学院的管理职位,11.7%),研究人员 1 人(5.8%)。在所属单位的类型方面,共有 16 位教授受聘于高校的普通学院(76.1%),有 5 位教授受聘于高校的中外联合办学学院(23.8%)。在学者的原始国籍方面,本研究共涵盖了来自十一个国家的学者,分别是英国、意大利、美国、荷兰、法国、印度、澳大利亚、比利时、日本、俄罗斯、黎巴嫩,具备样本的多样性。在受访者的学历方面,除了一位学者的最终学历为硕士(多年实践经验)之外,其他所有的受访者均有至少一个博士学位。性别方面,共访谈了 20 位男性学者,1 位女性学者,虽然女性比例并不是很高,但考虑到目前在沪的外国专家中,女性学者数量稀少,因而能邀请到女性学者作为访谈对象,对本研究有着很大的意义。在学校分布方面,上海交通大学有 9 位教授参与访谈,约占 42.8%,居首位;其次是复旦大学和同济大学,分别有 4 位教授参与访谈,各约占 19%;华东师范大学有 2 位教授参与了访谈,约占 9.5%;上海理工大学有 1 位教授参与访谈,约占 4.7%。在学科分布上来看,共有 12 位受访者的研究或授课领域在人文与社会方向(57.1%),6 位受访者在自然科学方向(28.5%),3 位受访者在工程与技术科学方向(14.2%)。对比研究样本与沪上高校外国专家的总体情况,样本在地域、学科、性别等多方面体现了沪上外国专家这一群体的总体特征,有助于探索本研究的研究问题,实现本研究的研究目标。

表 3 - 1　参与访谈的外国专家概况

代号	性别	学历	职位	原始国籍所在区域	学科领域
1	M	D	副教授	欧洲	自然科学
2	M	D	教授	美洲	社会科学
3	M	D	讲师	美洲	人文

代号	性别	学历	职位	原始国籍所在区域	学科领域
4	M	D	讲师	欧洲	自然科学
5	M	M	讲师	美洲	社会科学
6	M	D	副教授	欧洲	自然科学
7	M	D	客座教授	澳洲	社会科学
8	M	D	教授	亚洲	工程技术
9	M	D	教授	欧洲	社会科学
10	M	D	讲师	欧洲	自然科学
11	M	D	教授	欧洲	工程技术
12	M	D	教授	欧洲裔美洲籍	社会科学
13	M	D	教授	欧洲	社会科学
14	M	D	访学教授	欧洲	人文
15	M	D	副教授	欧洲	社会科学
16	M	D	副教授	亚洲	自然科学
17	M	D	教授	亚洲	社会科学
18	M	D	讲席教授	亚洲	自然科学
19	F	D	研究人员	亚洲	社会科学
20	M	D	讲师/管理	欧洲	社会科学
21	M	D	客座教授	亚洲	工程技术

（注:"性别"一栏中,M 表示男性,F 表示女性;"学历"一栏中,D 表示博士学位,M 表示硕士学位,B 表示学士学位。）

3.3.3　外国专家来华年份分布

通过对访谈数据的分析,发现受访者初次来华工作的年份以及在中国工作的年限呈现两大特点,即整体多样性以及工作年限的聚集,这对于了解处于不同跨文化适应阶段的外国专家的经历,以及对处于相似适应阶段的外国专家进行比较,有着很大的意义。

如图 3-6 所示,本研究中受访的外国专家初次来华工作的年份,最早是在 1986 年,最晚的是 2015 年才进入中国高校工作,受访者在中国高校组织中的工作经历、时间跨度长达 30 年,这对于纵向比较不同时期的中国高校组织文化氛围和跨文化适应情况,提供了很好的素材。此外,大部分受访者的在华工作时间都处于 2010 年至 2014 年这一区间内,从总的趋势上可以推测,近年来政府推动的人才引进政策有了显著的效果,来华外国专家正在增多。

来华工作年份

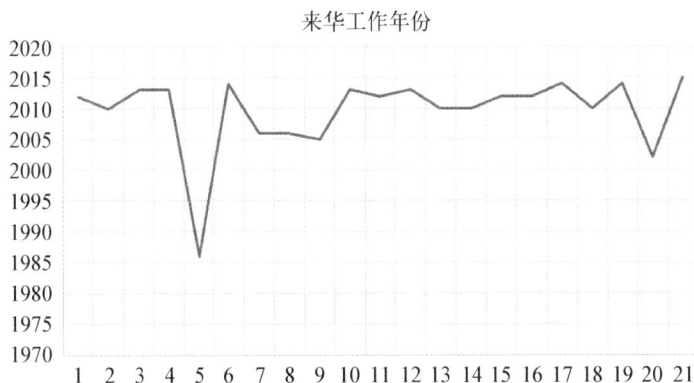

图 3-6 受访者来华工作年份汇总图

(注:纵坐标为来华年份,横坐标为受访者编号)

图 3-7 显示的是受访者来华工作年限的汇总图,其中工作时间最长的达 18 年(非连续),最短的只有两个月,呈现出相对多样化的跨文化经历。其中 16 位受访者来华工作年份都在五年之内,在华工作九年以上的仅有 5 位,工作年限的平均数是 4.6 年,中位数是 2.5 年。造成这一现象的原因可能有三方面,一是由于合同期限和学术工作本身的流动性,导致学者的平均停留时间不长;二是由于外国专家不适应中国高校组织文化环境,在工作合约期满之后选择不再续

约,离开中国;三是根据 2 号受访者反馈,外国专家在中国不能够享受退休待遇,一旦年龄达到 60 岁之后便不能再通过工作签证停留在中国,因此他放弃了长期在中国高校工作的打算。然而,13 号和 18 号受访者是在原来所在国退休之后,以特聘教授的身份和工作待遇来到中国高校继续开展学术工作。这里体现出了目前外国专家聘任制度的一个特点,不同高校和不同时期的外国专家聘任政策都有所差别,缺乏统一规范的制度管理,很多情况下取决于学院的管理者。这一问题具体将在 6.3 章节中结合中国高校组织文化的其他特点进行详述。

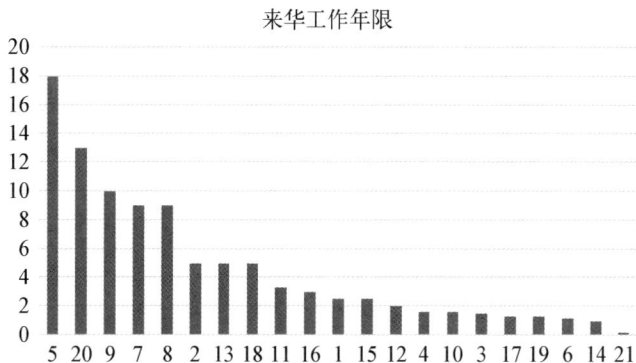

图 3-7 受访者来华工作年限汇总图

(注:纵坐标为来华年限,横坐标为受访者编号)

除了多样化之外,受访者来华工作的年限还呈现聚集的特点。如图 3-8 所示,将所有受访者来华工作年限按上图进行分组之后,第一组的组内方差为 14.7,第二组的组内方差为 1.6,第三组的组内方差为 0.2,都较分组前的方差 21.5 有大幅下降,尤其是第二组和第三组的数据,彼此之间差异很小,这说明他们处于相似的跨文化适应阶段中。因而在同一组内,可以对处于相似跨文化适应时间阶段的受访者进行横向分析;在不同组之间,可以分析在不同阶段中受访者的跨文化适应过程。

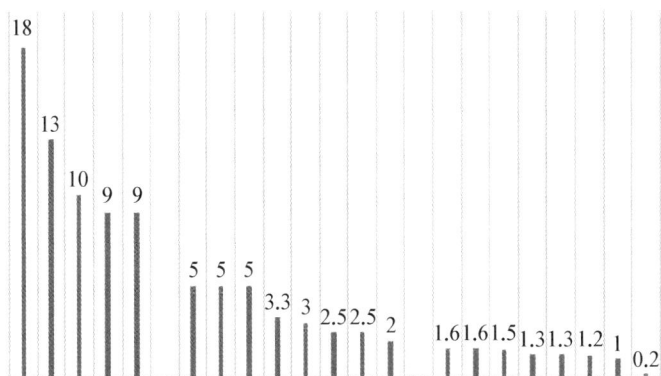

图 3－8　受访者来华工作年限聚类汇总图

从以上分析可以看出，参与本研究的受访者，其学科、职位、国籍、工作年限等个人背景，都兼具多样化和聚类性，这对于接下来从纵向和横向两个维度进行对比分析奠定了很好的数据基础。

第四章　在沪高校外国专家跨文化适应的影响因素

4.1　外国专家来沪工作的期望与动机

在进入中国开展研究和教学工作之前,外国专家对中国整体文化背景的了解,对上海这座城市的印象,以及与中国高校针对工作合同的商讨,是他们做出"前往中国工作"这一决策的三个重要组成部分,这三方面因素也共同构成了他们对这份异国工作的心理预期和期望。基于之前的研究发现,"期望"在跨文化适应过程的最初阶段,有着较为重要的影响,过高和过低的期待都可能影响跨文化适应者的感受,这一点也在外国专家自绘的跨文化适应曲线图中得到了佐证(详见 4.2.1 章节)。在本部分内容中,研究者将从外国专家对中国文化背景的了解与期望,中国/上海/具体某高校工作的动机这两方面,详细分析外国专家在开展这份新工作之前的情况,并在最后一节中全方位总结外国专家来华工作的动机,以期在后文中与外国专家开展工作之后的情况进行对比分析。

4.1.1　在沪高校外国专家对中国的了解与期望

随着学术环境的全球化,越来越多的学者有机会通过工作途径造访中国,或者与身在海外的中国学者产生交集。这一双向交流过程,不但促进了外国学者对中国的了解,也吸引了部分外国学者前往中国开展学术工作。然而,尽管参加本研究的外国专家对中国的了解从内容和程度上都有着较大的差异,下文这句援引自14号受访者的话,可以在一定程度上描述外国专家在进入中国工作环境之前的共同感受:"对我来说,中国大概是地图上一个抽象的地方。我了解有关中国的一点点政治,一点点文化,一点点文学,但并不知道这里的生活是什么样的。所以中国对我来说是未知的。♯14"。

表4-1中整理了受访者提及的几个了解中国的渠道以及主要内容。如表4-1中信息所示,有7人次提及了曾因工作原因造访中国,并且在这个过程中了解了许多与中国有关的文化知识。作为一个流动性较高的职业,高校学者有较多的机会离开工作所属地,前往其他的国家参与会议、访问交流以及协作研究。随着中国高校国际化政策的推进以及研究水平的提升,访问交流项目、中外合作暑期学校、跨国合作项目以及国际会议的数量也随之大幅提升,这也为外国专家学者更加直观地了解中国的工作环境与学术水平,创造了一个很好的外部条件。据国家外专局局长介绍,在我国目前推行的国际人才引智政策中,包括"请进来"和"派出去"是两个重要的人才引进手段。所谓"请进来",是指聘请外国专家来中国工作,"派出去",是指选派各类人才赴国(境)外培训学习[6]。近年来,我国开展了一系列项目引进国外优秀人才,这一举措推动了中外学术人才的交流,使得有意向来华工作的外国专家有机会对中国高校进行实地考察,促进他们对中国学术环境和社会文化环境的整体了解。

与之相对应的则是鼓励本土学者"走出去",展开广泛的学习与科研交流,于是这部分"走出去"的国内学者通过跨国学术联系的建立,成为外国学者了解中国的流动窗口。如表4-1所示,有5人次的受访者提到了"海外结交的中国朋友"对他们的影响,这些朋友中有一起工作的同事、跨国合作的研究者、博士后、硕士/博士研究生等,多为工作环境中结识的人脉资源。一方面,这些"中国朋友"对于外国专家适应中国的环境起到了积极的作用,例如介绍中国的文化礼仪习惯,纠正受访者对中国的刻板印象等,有的甚至在受访者进入中国后,将其个人在国内的亲友介绍给他们,帮助他们建立了本地的社交圈;另一方面,"中国朋友"也有可能对受访者在中国的适应起到潜在的负面影响,因为他们所介绍的"中国"是基于自己出国前的印象,这种印象可能是过去的、带有个人偏见的,未必能够反映当下中国的客观情况,然而对于外国专家来说,可能这是他们对中国的全部了解。例如,19号受访者在谈到来中国前对中国的印象时提道:"他们(受访者的中国朋友)告诉我几乎所有(上海)的年轻人都会讲英语,我们在这不会有任何问题。但这不是真的,很少人懂英语,我在这儿很难与人交流。♯19"。从这位受访者的反馈中我们可以看到,从"中国朋友"那里所获取的"不真实的"信息对于受访者预估跨文化适应的难度产生了误导,当过高的期望遭遇现实时,受访者所感受到的可能是更加严重的挫败感。

表 4-1 外国专家在进入中国工作之前的了解

了解渠道	提及频次	主 要 内 容
工作活动	7	会议,学术活动,工作坊,商业活动
海外结交的中国朋友	5	帮助建立中国的社交圈,介绍中国文化
家庭的影响	5	父亲的影响,中国妻子
课程学习	4	历史课,地理课
其他	4	食物,文化,电影,人口

课程学习也是受访者了解中国的重要途径之一。受访者通常在高中或初中阶段修习过世界历史和地理的课程,少数在大学阶段出于兴趣爱好选择了与中国历史相关的课程,其对中国的系统了解便来源于此。除此之外,家庭成员的中国相关经历也对受访者了解中国有一定的促进作用。一部分受访者的父辈年轻时在中国生

活过较长一段时间,有着经商等经历,因而受访者从孩提时代便通过睡前故事等方式,了解中国风俗习惯与文化差异;另一部分受访者的配偶是华人,在朝夕相处中接受了中国语言和文化的熏陶,这一群体在跨文化适应中有较大的优势,后文将在5.3.2章节中进行专门的分析。

从以上的分析可以看出,受访者对中国的了解呈现渠道多样、层次较浅、较为片面的特点。他们将这些与中国相关的信息拼凑起来,勾画出了他们心目中的中国图景,为之后前往中国工作积累了一定程度的背景知识。在此基础上,受访者根据自身的职业发展或生活目标,选择了中国,选择了上海作为目的地,展开新的生活。

4.1.2 前往上海高校工作的动机

由于外国专家对中国学术环境的了解各有偏重,因而最终促使他们前来中国的动机颇具多样性。访谈中,在被问及选择当前这份工作的动机时,受访者的回答可分为三类:前往中国的动机,前往上海的动机,以及前往某高校工作的动机。这三类动机偶有重叠(例如家庭因素),但通过对其频次的分析(如表4-2所示),可以一窥受访者对于中国、上海和高校这三级组织环境的理解,以及他们在决策时所考虑问题的优先层级。

表4-2 外国专家前往上海高校工作的动机频次分析

前往中国动机	主要内容	提及人次	前往上海动机	主要内容	提及人次	前往高校动机	主要内容	提及人次
宏观因素	国家发展前景	6	国际化	对外国人更加友好	3	工作机会	派遣,朋友推荐,自主应聘	8
	催人奋进的环境	3	家庭因素	配偶家乡在上海	2	合同相关	待遇优厚	6

(续表)

前往中国动机	主要内容	提及人次	前往上海动机	主要内容	提及人次	前往高校动机	主要内容	提及人次
	职业发展	1	个人因素	地理位置	1		研究支持	4
家庭因素	配偶家乡或职业变动	2		历史文化	1		教学任务轻	2
个人因素	海外经历	1				机构特质	声望	4
	冒险	1					学术自由	1
	发挥余热	1					学术氛围	1
	文化向往	2				家庭因素	配偶家乡/配偶工作问题	2
		17			7			26

4.1.2.1 前往中国的动机

前往中国的动机中,被提及最多的是机遇。一方面,中国近年来引人瞩目的经济表现和快速发展,使得受访者对于中国的未来发展充满信心。1号受访者在谈及中国时提道:"这只是一个时间问题。(研究)质量正在提升,我并不担心这个问题。这个国家正在成长。如果我们考虑十年前的情况,质量比现在还要低很多。这只是一个时间问题。♯1"。对于这位受访者来说,他相信未来一段时间内,国家的稳步发展会带动科研相关的经费投入,而从国际经验来看,这也将会保证科研质量和大学整体水平的逐步提升[91]。值得注意的是,部分国家科研经费的减少,也是促使当地学者考虑前往中国工作的因素之一。2号受访者提到,有许多身处国外的学者向他咨询在中国进行科研工作的情况,他说:"有大量的学者想要来中国工作,因为他们想要在中国做研究。美国大学的科研经费正在逐步减少。♯2"。虽然受访者并未明确指出"大量"一词所指代的数量,但从他的表述可以了解到,中国经济崛起所带来的潜在科研投入,正吸引着在其他国家为经费而伤神的研究者们。

　　另一方面,正处于变革和转型时期的中国社会,也为研究者们提供了源源不断的挑战与刺激,尤其是对于社会科学类的研究者来说,中国提供了一个充满吸引力的社会环境。5 号受访者长期担任记者工作,曾经在 20 世纪 80 年代前来中国从事教学工作,随后返回其故乡十余年,又于 2000 年年初重返中国。当被问及为何要再次返回中国时,他将中国与生活过于安稳平静的故乡进行了对比:"(在中国)人们有许多的机会,并且许多的事情都在变化之中,所以人们也随之变得兴奋。许多人都因为这种变化而感到非常兴奋,所以你知道的,这是一个,这是一个很刺激的环境。♯5"。另一位从事公共关系研究的受访者也持有类似的观点,在频繁地与中国学者、学生和政府官员打交道的过程中,他总结出了中国吸引他的原因:"最令人兴奋的事情是,这里的人们都是由绩效驱动的,他们每次都想取得些成果……这对我来说是一个崭新的生活维度,一直驱动着我去完成些事情。我觉得这是我一直造访这里的原因。♯9"。

　　将上述两个方面加以总结,可以粗略概括出当代中国的社会环境对于国外研究者的吸引力。如图 4-1 所示,近些年来,尤其是在 2008 年金融危机之后,中国经济的稳定高速发展备受瞩目。为了推动产业转型和知识经济的发展,中国政府制定了一系列政策促进科技创新,与之相应的是,中国的科研经费投入逐年提高[102],这对于在研究过程中需要使用大型/昂贵仪器设备,或者需要建立研究团队,进行协同创新的部分自然/工程学科研究者来说,是一个千载难逢的好机会。充裕的研究经费对这部分研究者而言,既是开展长期研究的保障,也令人对未来的职业发展前景充满信心。从社会变革的角度来看,经济的高速发展也推动着社会的意识形态做出与之相应的调整和发展[5],因而我国的社会环境也面临着转型期的复杂状况和频繁冲突,这为立足于社会背景和文化环境的人文/社会学科研究者提供了充满挑战和刺激的研究课题与环境。

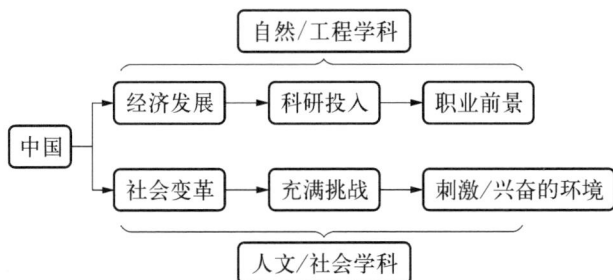

图 4 - 1　中国的科研吸引力示意图

　　除了宏观因素之外,家庭因素和个人因素也在受访者前往中国的动机中占有一定的比重。其中,家庭因素主要与配偶有关,例如选择华裔配偶的家乡作为工作地点,或者跟随配偶的职业变动前往中国开展研究工作。在个人因素方面,部分受访者表达了对中国文化的向往,或者将前往中国工作视为新的海外经历与冒险经历,也有受访者在退休之后希望在中国继续从事科研和教学工作,发挥余热,为科研和教育事业做出贡献。

4.1.2.2　前往上海的动机

　　前往上海的动机则集中在上海的区域优势——较高的城市国际化水平。受访者普遍认为,上海是中国国际化程度最高的城市,9 号受访者更将上海之于中国比作纽约之于美国的关系。对于在中国其他城市有过生活或工作经历的受访者来说,上海所体现出来的地域优势更明显一些。例如:2 号受访者在将上海与北京进行比较时提道:"上海是一个国际化的城市,北京是一个很中国的城市。♯2"。结合他的访谈内容进行分析,这里对于北京的描述可能偏重于强调北京的中国特色,即体制性,这一观点的形成也与这位受访者的政治学研究背景有一定联系。5 号受访者认为:"(上海的)官僚水平较低,北京可能情况也类似。♯5"。对他而言,非一线的小城市不在他的考虑范围之内,上海的优势在于其大城市的特征。刚才所提到的将上海比作纽约的 9 号受访者,曾在一座北方省会城市生活过一段时间,在与上海进行比较后他评论道:"上海的生活比 XX 更加舒适,尽管 XX 的生活更接近真实的中国……上海不是典型的中国城市。♯9"。与之相似的是,17 号受访者也认为上海与典型的中国城市不同,可能的原因是生活在上海的外籍员工较多,更加国际化与多样化的人口组成使得上海这座城市对于外国人更加友好,生活也更加便利。此外,家庭因素方面,与前往中国的动机类似,受访者主要考虑到配偶的家乡问题而选择前往上海寻找工作。在个人因素方面,上海的地理位置和独特的历史文化也被受访者提及。

4.1.2.3　前往某高校的动机

前往某高校的动机与受访者的工作密切相关。首先,在工作机会方面,派遣、朋友推荐和自主应聘是三个获取工作机会的主要渠道。由于上海有着数目较多的中外合作学院,本研究也涵盖了 4 位在中外合作学院工作的受访者,他们一般是通过学校派遣和自愿的岗位调动而前往合作方工作。此外,在日趋国际化的学术就业市场当中,通过网络和朋友推荐了解到中国高校职位招聘的情况占较大比例。部分受访者(♯12,♯17)表示,他们向不同国家的高校投寄了求职意向,最终根据各个学校的接受情况和所承诺的待遇来选择合适的岗位。18 号受访者则通过友人推荐了解到了中国高校的招聘需求,从而在退休之后得以继续他的研究工作。其次,对于非派遣类的受访者来说,与工作合同相关的内容在其选择学校时起到了决定性的作用,待遇优厚与否是受访者考量的重要方面,科研经费的承诺直接决定了外国专家是否能够从中国高校获得足够的研究支持,进而影响到了研究课题组的建立、访问学者的邀请以及研究活动的开展。6号受访者在这一点上有着较为全面的阐述:"所以我来这儿的原因是,我从这所大学获得的待遇对我当前的研究来说足够好了。因此我可以在一项基金的支持下招收博士生和博士后。我能够为我的博士后提供很不错的薪水,这也保证了我能够邀请到足够好的研究者加入这个团队。♯6"。在选择工作机会与商讨工资待遇之前,高校与机构的声望是受访者首要考虑的因素。虽然并不是每位受访者都提到了这一点,但他们在进行职位筛选时,高校的学术声望与影响力占据着重要地位。有趣的是,中国高校招聘外国专家的其中一个原因,是寄希望于通过外国专家在高影响因子的国际刊物上发表论文,来提升学校的整体排名指标,这对于外国专家和中国高校来说似乎是一个双赢模式(该部分内容将在5.3.4中详细探讨)。至于学术自由的保障和学术氛围的开放性,只有少部分在中国有着较为丰富工作经验的受访者能够做出判断,大部分受访者在进入中国之前对这方面的真实情况并不了解。

综上所述,通过从国家层面、城市层面以及高校层面分析外国专家选择当前工作的动机,研究者认为,受访者的最终目的在于获得一份充满机遇和发展潜力的工作。

外国专家来华工作的机遇包含显性和隐性两个方面。"看得到的"显性机遇,如图4-2所示,指的是中国从国家到省市再到具体高校所推行的国际化政策,以及"985"和"双一流"高校建设世界一流大学等宏观政策环境,为外国专家的引进提供了经费保障,创造了许多新的合作项目与合作机会。"看不到的"隐性机遇,则与中国的长期发展目标和经济实力的发展密不可分。在全球经济普遍萎靡的状况下,外国专家对于中国高校和科研发展的信心,很大程度上来源于对中国国家发展前景的期待。正如1号受访者所说:"如果你看到上海的规模和这里顶尖大学物理系的规模,你会期待这里展现出更大的潜力,因为他们还有很大的发展空间。♯1"。他对于所在学院的发展潜力充满信心。

　　仅有机遇还不够,能否在中国高校实现职业发展,取决于外国专家在城市生活方面的适应情况和研究工作发展前景。在城市层面,国际化和现代化程度较高的上海,为外国专家的生活适应提供了一定程度的便利。高校层面则是外国专家最为看重的方面,这一点表4-2体现得较为明显,三类动机中,被提及的频次最多的是第三类,即前往某高校的动机,总共26次,其中合同、工作机会和机构特质等方面,均与受访者的研究工作密切相关。如图4-2所示,居于受访者来华动机核心的,是高校的声望、工作机会和待遇,这三者以递进筛选的关系,决定了受访者最终是否选择这份工作。

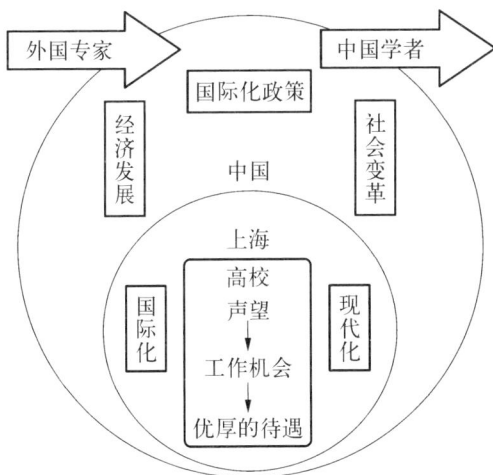

图4-2　外国专家来华动机示意图

　　值得一提的是,在三类动机中,前往上海的动机被提及最少。出现上述情况的原因,一是如上文所提及的,这三类动机之间会发生重叠,受访者前往中国和前往上海的动机较为相似,便只提及了中国的部分。二是相较于国家和高校,城市在外国专家进行最初职业选择时可能处于次重要的地位,因而在研究者询问受访者的动机时,只有较少的人提到了上海对他们的吸引力。然而在之后的访谈中,受访者谈及在中国工作一段时间之后的印象时,对上海这座城市的反馈普遍较为积极。与上海的区域优势性有关的内容将会在 4.3.1 中进行详细分析。

4.2 在沪高校外国专家自绘适应曲线分析

4.2.1 总体适应的趋势分析

外国专家的适应曲线整体呈上升趋势,这体现了跨文化适应的总体情况的提升。图 4-3 为其中 14 个跨文化适应曲线的汇总,通过时间单位的统一,呈现出受访者在不同阶段的跨文化适应趋势(5号受访者由于来华年限较长,没有放在汇总图中)。其中,横坐标是受访者来华年限,纵坐标是跨文化适应水平,曲线的纵坐标代表了他们自评的跨文化适应程度(纵坐标没有刻度,仅通过曲线表征跨文化适应的趋势)。受访者所体现的跨文化适应过程主要有三种形态:"先急后缓"的上升曲线,用点状虚线标示(……);"先缓后急"的上升曲线,用线状虚线标示(----);以及特殊形态的曲线,用实线标示。通过此图对整体趋势进行分析后可以发现,除了标记为实线的水平曲线、下降曲线和水平波动曲线之外,外国专家自绘的跨文化适应曲线总体呈现上升趋势。

外国专家的适应曲线主要有"先急后缓"和"先缓后急"两种形态。"先急后缓"的上升曲线形态,表明受访者在跨文化适应初期较为顺畅,没有遇到显著障碍,并且目前状态平稳,达到了一个比较平衡甚至满意的状态。结合五位受访者对于跨文化适应经历的回应可以看出,他们在进入中国组织文化的初期都得到了较好的照顾,没有反映沟通问题和适应障碍,除了一位受访者给出了较为中立的反馈之外,其他人都给出了较为积极的反馈。6 号受访者在谈及自己的

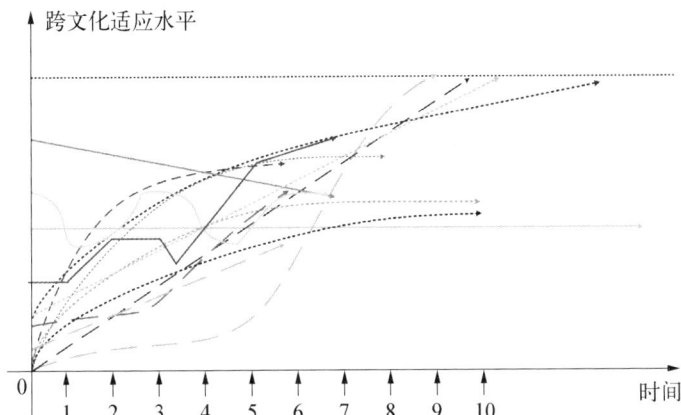

图 4-3　受访者自绘跨文化适应曲线图汇总

适应曲线时表示："到现在,对于不会中文的我来说,我觉得达到了力所能及的最好的适应程度。这很简单。♯6"。与之相反的是,"先缓后急"的上升曲线形态表明受访者在跨文化适应初期进展缓慢,可能遇到了某些障碍,并且目前仍处于跨文化适应的学习期,可能仍在经历着跨文化障碍的适应与克服过程。这两个特点在 11 号和 17 号受访者的自述中得到了印证。这两位绘制了"先缓后急"形态的上升曲线的受访者同时也是诸多跨文化适应问题的反馈者,他们至今仍在经历着沟通问题的困扰,但他们认为随着时间的推进和经验的积累,他们对于情况的了解已经比刚来时要好很多。

　　外国专家的适应曲线整体上更符合跨文化适应学习理论,也有部分曲线呈现出了阶段性的特征。利兹格德[31] 提出的 U 型文化适应曲线以及葛勒豪在其基础上提出的 W 型文化适应曲线[34] 都强调,跨文化适应者的满意度是"从高到低再到高"的,这一动态过程的开始是兴奋期(又叫蜜月期),而后逐渐经历危机,最后跨文化适应者在新的文化环境中逐渐适应。奥德提出的跨文化适应五阶段理论也与之相似。然而在研究者对外国专家的访谈中,仅有

3位受访者提及了"蜜月期"以及随后"危机期"的出现,其他受访者对于跨文化适应的过程的反馈普遍较为平稳[32]。相比之下,跨文化适应学习理论能够更好地解释外国专家的跨文化适应趋势。在受访者自己对于曲线上升趋势的解读中,普遍将跨文化适应过程解释为经验积累的过程,这与金的压力-适应-成长动态模型中的螺旋上升曲线不谋而合。压力-适应-成长理论对跨文化适应过程持总体乐观态度,将其视为一个积极应对压力的过程,当旅居者在跨文化适应的压力刺激下感知到生活各方面的变化时,"压力"与"适应"在互相作用的过程中互相推动,使得跨文化适应过程呈现为持续的螺旋式上升轨迹[41]。

4.2.2　个体适应的案例分析

图4-3中,用实线标示的曲线呈特殊形态,通过询问得知,外国专家的职业经历、家庭和社交状况等个体差异化因素,对其跨文化适应过程有着重要的影响。下面将以特殊形态的曲线为例,分析个性化因素对于外国专家跨文化适应过程的影响。

如图4-4所示,12号受访者在刚来中国工作时经历了一段低谷期,在投入工作之后曾一度进入了快速适应期并达到一个均衡的状态,然而在得知其他外国教授的工资比他高出许多之后,他再次陷入低谷,直到他的个人爱好和科研工作又将其从适应低谷中拯救出来。由此可见,12号受访者的跨文化适应与其工作和生活经历密切相关,其中两次低落期都与工作境遇有关,上升期则主要依靠个人的积极适应与调整。

如图4-5所示,4号受访者的曲线呈现波形,每次起伏都与家庭因素密切相关,在描绘其适应情况的基础上,也夹杂了其心理状况和心情的起伏。根据他自述的经历和对曲线的解释,在他进入中国高校之后,遇到了一系列与中国体制观点不和的情况,又无法通过反馈和沟通的方式来解决,因而他的适应状况每况愈下,直到明白"没

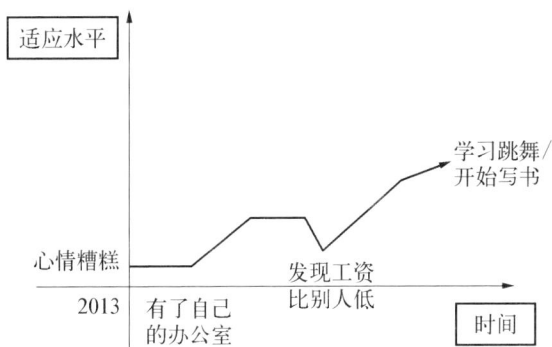

图 4‑4　12 号受访者自绘适应曲线图

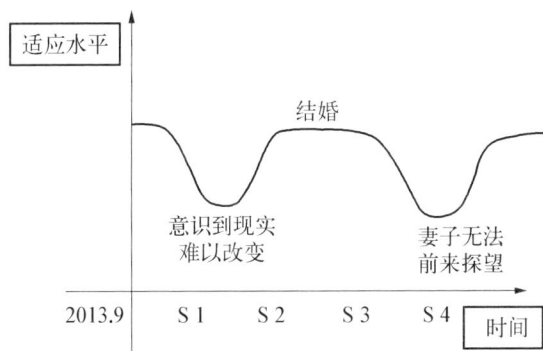

图 4‑5　4 号受访者自绘适应曲线图

有什么能够改变"时,达到了适应状况的低谷。当他放弃在工作层面与当地高校的体制进行抗争之后,他的适应情况则主要受个人感情生活影响,先是因为结婚而达到了短暂的适应峰值,随后因为妻子没有前来中国探访而再次进入低落状态。

　　如图 4‑6 所示,10 号受访者是唯一一个适应曲线呈下降趋势的外国专家,此处需要结合其经历和背景加以分析。10 号受访者的妻子是中国人,在进入中国高校工作之前,他已经多次拜访中国,并且有着基本的中文交流能力。这份工作的合同期限为两年,他曾在工作开始之前,设想过将合同延期,这样便能够在他妻子的家乡多工作一段时间。多方面的综合因素造成了他对中国有着较高的期待,他在工作之初曾经怀着很大的热情。但随着与中方教育理念摩擦增多,他的热情逐渐被消磨掉了,这使得他在开始工作之后适应情况一路走低。值得一提的是,即使呈现下降趋势,10号受访者适应水平的绝对值也依然很高,也就是说他自身所具备的适应能力是相对较高的,这里对下降的趋势起决定性作用的是其对中国的期待值。

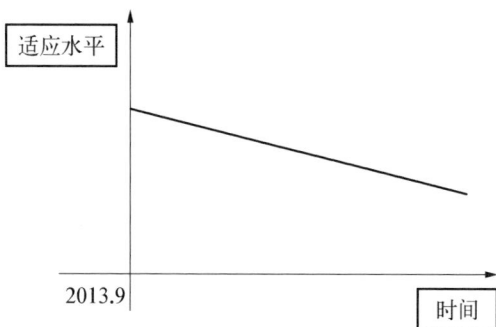

图4-6　10号受访者自绘适应曲线图

　　如图4-7所示,9号受访者自2005年开始在中国的高校担任访问教授,其主要雇佣关系仍在国外大学,他解释说,他画一条直线的原因是,他在中国已经达到了一种非常舒适的状态,现在已经很少有跨文化适应方面的问题能够困扰或惊讶到他了,并且他的"访问教授"的身份也是达到这种舒适状态的原因。"我发现在中国生活非常舒适,因为我不是百分百依赖这里的生活。如果我想的话我最终可以自由地离开这儿,这使得我的舒适度很高。#9"。

　　最后,如图4-8所示,该图为15号受访者的自绘适应曲线图,在汇总图中为了保持图片的一致性,图中的圆圈并没有被添加至汇总图中。15号对于这样的一张适应曲线图进行了如下的解释:"事物总是波动变化的。总是有新的状况需要你去理解和整合。这同样

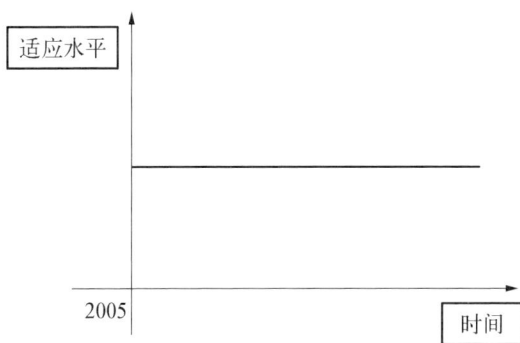

图 4-7 9号受访者自绘适应曲线图

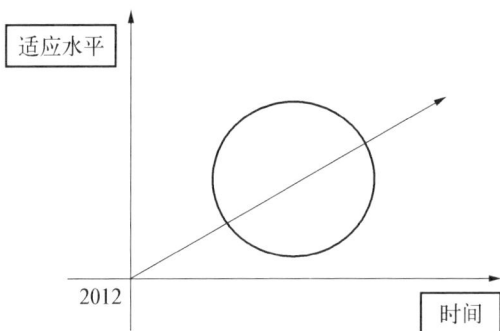

图 4-8 15号受访者自绘适应曲线图

也是这样的一条斜线,学习曲线。但它总是……它永远不会静止。我觉得这个曲线不仅仅适用于我,也适用于中国人。他们需要不断地去适应这个总在变化中的社会……我的确学了一些东西,但总是有更新的元素出现。我觉得这也是阴阳哲学的一部分。一旦你到了白色或黑色的端点,你又进入了另一边,这是一种二元的关系。整个过程比起直线来说,更像是循环的。这样才能够让事物平衡起来。♯15"。

15号受访者的这番解释,是对金的压力-适应-成长动态模型理论[41]的口语化再现。15号并非教育学、心理学或传播学的业内人

65

士,他基于自身的跨文化适应经历,将适应的过程描述为不断循环往复、逐渐积累的学习过程,很好地验证了金的理论在实际生活中的应用。虽然其他的受访者并没有像他这样精准地表达出与金的理论相似的适应过程,但多位受访者都在访谈中使用了诸如"学习曲线"、"学习过程"、"经验积累"等类似的表达方式,结合受访者的经历,自绘的适应曲线图以及根据曲线给出的解释,这三方面都呈现出了学习型的跨文化适应过程。

结合外国专家跨文化适应自绘曲线图及其跨文化适应经历分析,外国专家的跨文化适应既有总体呈上升趋势的共性,也在不同的跨文化适应阶段有着个体差异性。下面将分别从共性和差异性因素,分析影响外国专家跨文化适应的几个主要因素,包括:区域因素、职业因素、组织文化因素、家庭因素、社交因素。

4.3 跨文化适应影响因素

4.3.1 影响在沪外国专家跨文化适应状况的共性因素

从访谈资料中提取出的内容显示,中国宏观政策对于科研工作的支持、外国专家对中国经济的普遍良好预期、上海的国际化环境、外国专家的工作导向特质、学术背景以及国际化背景,构成了影响外国专家跨文化适应状况的共性因素,奠定了跨义化适应曲线的上升基调。

4.3.1.1 区域因素

良好的经济发展预期,宽松的科研政策环境。近些年来,在全球经济普遍低迷的状况下,中国经济的高速稳定发展备受瞩目,从国家到省市再到具体高校所推行的国际化战略,以及建设世界一流大学的宏观政策环境,为外国专家创造了许多新的合作项目与合作机会[91]。外国专家对于中国高校和科研发展的信心，很大程度上来源于对中国国家发展前景的期待。为了推动产业转型和知识经济的发展，中国政府制定了一系列政策促进科技创新，中国的科研经费投入逐年提高，这对于在研究过程中需要使用大型/昂贵仪器设备，或者需要建立研究团队，协同创新的部分自然/工程学科研究者来说，是一个千载难逢的好机会。1号受访者在谈及中国时提到："这只是一个时间问题。（研究）质量正在提升……这个国家正在成长。♯1"。对于这位受访者来说，他相信在未来一段时间内，国家的稳步发展会带动科研相关的经费投入，从国际经验来看，这也将会保证科研质量和大学整体水平的逐步提升[92]。值得注意的是，其他国家科研经费的减少，也是促使这些学者考虑前往中国工作的因素之一。2号受访者提到，有许多身处国外的学者向他咨询在中国进行科研工作的情况，他说："有大量的学者想要来中国工作，他们都在咨询我有关中国高校的情况。♯2"。从社会科学研究者的角度来看，经济的高速发展伴随着社会结构和文化氛围的快速变化，因而我国的社会环境也面临着转型期的复杂状况和频繁冲突，这为立足于社会背景和市场环境的人文/社会学科研究者提供了充满挑战和刺激的研究课题与环境。

　　国际化的上海造就独一无二的区域优势。上海的区域优势体现在文化、发展、国际化和交通等四大方面。文化上来讲，具有上海特色的本地文化和包容多元的现代化文化氛围，与中国大部分城市的单一文化氛围有着很大的差别。6号受访者认为"城市里每刻都有事情在发生着，音乐会、博物馆、展览、时尚、许多元素、所有的东西都汇聚到了一起。♯6"。这种多元文化所带来的集聚效应，在学术角度上也有所体现，这使得在上海工作的外国专家，可以有很多机会与世界顶尖的学者进行会晤切磋。2号受访者有着这样的体会"……因为上海有很高的密度，有许多知名的学者来到上海。因为他们想来中国……我在这里能与来自全世界的学者会面。♯2"。从发展上来看，对于中国未来发展潜力的信心。与之相应的是，城市的物价和快节奏,也正日趋追赶着发展的脚步。国际化方面,大量外国人生活在上海,在带动相应配套服务业走向国际化的同时,也推动了整个城市的国际化节奏。受访者普遍反映,"比起其他的中国城市来说,上海的语言障碍并不突出,整体氛围也与国际大都市类似,生活在上海与在纽约和欧洲并没有太大区别。♯9♯17"。交通方面,发达的地铁轨道交通和中英文的道路指示,使得外国专家的出行不再受语言障碍的困扰。

4.3.1.2　职业因素

外国专家同时具备学者和跨国外派人员双重职业特征,他们的工作导向特质、跨文化背景以及学术背景,是对其跨文化适应过程产生重要影响的个人因素。

首先,工作导向是外国专家的一个主要特质。如 4.1 章节所述,图 4-9 从国家层面、城市层面以及高校层面展示了影响外国专家跨文化适应水平的职业因素。高校层面则是外国专家最为看重的因素,在访谈资料中总共被提及 26 次,涵盖合同、工作机会和机构特质等方面。居于核心的是高校的声望、工作机会和待遇,待遇优厚与否是受访者考量的重要方面,科研经费的承诺直接决定了外国专家是否能够从中国高校获得足够的研究支持,进而影响到了研究课题组的建立、访问学者的邀请以及研究活动的开展。此外,机构的声望是受访者首要考虑的因素,高校的学术声望与影响力占据着重要地位。有趣的是,中国高校招聘外国专家的其中一个原因,是寄希望于通过外国专家在影响因子较高的国际刊物上发表论文,从而提升学校的在世界大学排名中的各项指标,这对于外国专家和中国高校来说是一个双赢模式。工作导向特质在为外国专家跨文化适应经历的初期奠定乐观基调的同时,也可能为后期埋下了跨文化适应障碍的隐患。这说明中国高校组织文化环境对于外国专家在中国的跨文化适应有着很大的影响,工作环境的适应与否在很大程度上决定了外国专家对整体适应情况的判断。

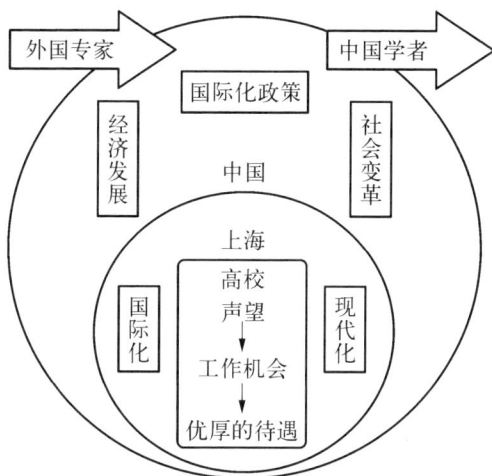

图 4‑9　影响外国专家跨文化适应的职业因素

　　其次,学术工作的流动性决定了外国专家普遍具有跨文化背景。在访谈中,所有受访者都曾有过一国以上的海外经历。一方面,外国专家有机会通过学术交流活动,结识中国朋友,了解中国文化。随着中国高校国际化政策的推进以及研究水平的提升,访问交流项目、中外合作暑期学校、跨国合作项目以及国际会议的数量也随之大幅提升,这也为外国专家学者更加直观地了解中国的工作环境与学术水平,创造了一个很好的外部条件,有 7 位受访者曾经通过参加学术会议等方式造访中国。与之相应的是,越来越多的中国学者前往海外展开广泛的学习与科研交流,于是这些中国学者通过学术联系的建立,成为外国学者了解中国的流动窗口。在受访者所提及的海外结交的中国朋友中,有一起共事的同事、跨国合作的研究者、博士后、硕士/博士研究生等,多为工作环境中结识的人脉资源。另一方面,外国专家也在不同的跨文化经历之中,培养出了自身的国际化特质,这使得他们自身的母文化在跨文化适应中并没有产生显著的影响。通常外国专家的上一个工作地点会被其用来与目前的工作情况进行比较,从而对中国高校的组织文化进行解释与定位,因而他们的跨文化经历成为影响其对中国组织文化接受度的一个关键性因素。例如,16 号受访者曾在欧洲某国从事博士后研究,深受当地治安问题的困扰。当他来到中国之后,良好的校园治安令他十分惊讶,邻居们友好的社交氛围也让他觉得十分亲切。基于中欧两国治安状况的对比,他对目前的工作和生活环境十分满意。

第三,学术背景对于外国专家,尤其是人文社科专业的外国专家来说,有着促进跨文化适应的作用。在遇到跨文化适应的阻碍时,外国专家不但会运用自己所掌握的学术知识来解读和指导自己的应对策略,也会主动摄取新的知识来帮助自己从理论层面更好地了解中国社会的运行方式,和各种文化现象背后的深层原因。12 号受访者在访谈之中频繁地使用他自身所属学科的专业术语和理论,来解释自己行为的原因,例如路怒理论、期望理论和积极法则等,他通过这些理论来开导自己应对跨文化阻碍中的负面情绪,同时也使用这些理论来应对新的跨文化阻碍。9 号受访者则通过阅读有关中国的学术著作,并且结合自身的观察与经历,来促进自己的跨文化适应:"……通过观察和阅读,你能够理解得更好。如果你只观察但你不去了解与之相关的理论解读的话,你无法理解它……在阅读和实践的过程中,如果与书本所述不同,就需要根据自己的观察来重新构建自己的理论框架。我觉得学术经验给了我很多帮助。♯9"。2 号与 14 号受访者也有着类似的看法,他们认为,学术工作对于人们思维方式的培养和知识的积累,都有力地促进了跨文化适应。

4.3.2 影响在沪外国专家跨文化适应的个性化因素

除了上述共性因素,每一位在沪外国专家还面临着所在单位的不同组织文化因素、家庭因素和社交因素,这些因素具有高度的个性化特点,共同形成了在沪外国专家差异化的跨文化适应经历。

4.3.2.1　组织文化因素

　　根据沙因的相关论述,组织文化由表及里共分为三个层次,可观察的人为表象、价值观和基本的潜在假设[88]。在组织形成和发展过程中,组织为了应对组织内外环境的变化对其内部文化做出相应的动态调整,并通过形成、传承和变革的方式使得组织文化得以延续。高校作为教育组织,横向以知识领域为基本区分形式,机构和成员有着相当程度的自主权和独立性,组织内部高度专业化;纵向上也具备科层组织的一些特征。不同的高校组织文化,是外国专家跨文化适应经历产生差异的重要原因,许多学者都曾对高校组织文化展开深入研究,例如,汉迪提出的学校组织文化的四种模式:权力文化模式、角色文化模式、任务文化模式和人的文化模式,以及多普森(Dopson)和莫克内(McNay)提出的学院模式、官僚化模式、团队模式和企业模式四种模式[93](高校组织文化的相关内容将在 6.1 章节中进行详述)。

　　在本研究中,不同高校之间的组织文化差异,主要体现在领导者的特质、管理方式和协助体系的完善度等方面。从受访者的反馈中可以分析出中国高校组织文化的一个特点,即领导者在一定程度上具有较大的决策权,这在汉迪关于学校组织的四种文化模式划分中,与权力文化模式较为相似。在这种模式之下,组织结构中存在一个核心人物,他的价值取向和观念往往能够成为组织的核心价值。多普森和莫克内则认为,“具有权力文化模式特征的组织运作主要取决于权力支配者的意愿。”[94]“当组织的核心人物是一个富有创造力、明智、卓越、果敢的领导者时,组织很可能是成功的,但很多情况下,组织却有可能承受着巨大的风险”[93]。结合受访者对于管理层的反馈来看,一个善于沟通、有海外背景、个人能力出众的管理者,对于营造一个适于外国专家的组织文化环境有着促进作用。反之,如果管理者没能及时与外国专家沟通,加之缺少相应的协助体系和反馈机制,则会逐渐将外国专家推向边缘化的境地。从访谈资料中可以看出,具有海外留学背景或者访学经历的直属领导与外国专家的合作更为顺畅,例如2号和16号受访者都曾提到,他们的直属领导具有海外留学经历,也旨在将学院建设成为更开放更国际化的高校组织,这与两位受访者自身的工作与求学经历不谋而合,使得双方更容易理解彼此,建立了坚实的沟通基础。

高校管理理念与管理效率对外国专家的适应经历有直接的影响。10号受访者是唯一一个适应曲线呈下降趋势的外国专家,他认为"……等级观念是很强烈的,每一个人都得听老板的。♯10"。10号受访者对于中国高校体制文化的感受,很大程度上是由于体制内沟通和反馈机制不畅通所导致的,在尝试沟通无果的情况下,10号受访者对自身的跨文化适应经历感到失望,采取了消极的应对措施,不再参与学院的重要议程与讨论。12号受访者则在工作初期经历了"彻底地无助。♯12"。在其抵达上海的最初几周,学院没有在交通、住房、入职等方面提供任何帮助,与其他受访者相比,他认为自己花费了大量精力处理不必要的跨文化障碍,因而他在绘制适应曲线时将初期描述为"可怕的。♯12"。许多绘制了"先缓后急"型上升曲线的受访者也与12号外国专家有着相似的遭遇。管理理念的冲突与协助体系的缺失会直接影响外国专家跨文化适应初期的感受。

4.3.2.2 家庭因素

图4-10所示的是本研究中受访者的婚姻与伴侣的国籍情况,在21位受访者中,7位受访者单身,14位受访者已婚。在已婚的外国专家中,其伴侣为中国人的有6位,占比将近一半。从受访者整体情况来看,家庭因素方面具有较大的差异性。在跨文化适应初期,伴侣为中国人的受访者有着较大的优势,此后,婚姻状况及稳定性则发挥着更加重要的作用。此类受访者普遍具有基本的中文听说能力,对中国文化有着比较深入的了解,在遇到跨文化适应障碍时,伴侣可以在一定程度上帮助受访者克服困难。例如,6号受访者在刚进入中国高校工作时,自认为有着很高的跨文化适应水平,然而随着跨文化经历的深入,许多受访者像6号一样开始经历深层次的跨文化冲

击。以 13 号受访者为例,他在中国开展研究工作已逾三十年,具备中文的听说能力,然而在他正式进入中国高校工作了一段时间之后,他却觉得自己过去一直都只是局外人。"我开始从内部理解人们在生活中所遭遇的所有压力和困难,而这些是我之前从没有真正理解的。♯13"。

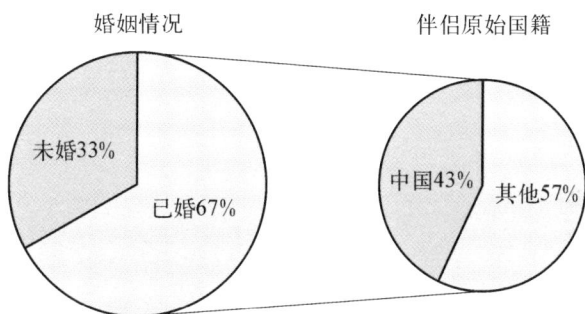

图 4‑10 受访者的婚姻与伴侣国籍情况

4.3.2.3 社交支持

社交关系网的构建对于外国专家在中国的工作发展和跨文化适应都有着积极的促进作用。兼有"外国人"和"学者"两重身份的外国专家,在中国所获得社交支持主要来自这两个群体。由于受语言障碍和国内外文化差异的影响,受访者在中国的社交圈仍以外国人为主,除了日常社交中所结交的朋友之外,还有不同类型的外国人组织,主要有同乡会(♯12,♯16,♯17),和行业组织(♯3)等。所有受访者在谈及社交支持时都提到了他们的同事,正如之前所分析的,外国专家的群体特征为工作导向,他们的社交网络主要建立在学术关系之上。对于某些从事理工科研究的受访者,他们在中国几乎全部的社会交往都是发生在与同事和上司之间,鲜有工作之外的社交生活,而他们在闲聊时主要讨论的也是学术话题(♯1,♯16,♯18)。单一的社交关系网络使得这部分受访者对于中国的文化规则并没有较为深入的了解,他们对此也并不介意。对于从事人文与社会科学研究的受访者来说,他们积极地拓展社交范围,通过阅读来了解中国的"关系"文化,其构建的关系网又在实践中推动了自身对于中国文化的了解,形成了一个良性的循环回路,使得这些受访者在工作和适应方面都达到了较为舒适的状态。

第五章　在沪高校外国专家的
科研与教学适应

5.1　科研工作：优厚的条件，
模糊的规定

在对"动机"的分析中研究者曾提到，待遇问题是受访者考量最多的一个方面，因为研究经费的多寡，直接决定了受访者能否在中国顺利地开展自己领域内的研究。从中国高校的角度来考虑，招聘外国专家的重要动因之一，是希望通过他们在高水平国际刊物上发表论文，提升学校的整体排名指标，实现外国专家和中国高校的双赢模式。因而这种双赢模式的核心，是学术论文的发表。那么怎样才能多发论文呢？一是要有足够的科研时间；二是要有经费的保障，前者可以通过压缩教学时间来获得，而后者则需要国家、各省市、高校以及学院等各个层面的大力支持。

通过对受访者科研经费来源的分析可以看出，外国专家的科研经费来源一般有以下几个渠道，见表5－1：国家、地方政府（此处为上海市）、高校、学院、国外基金以及自费。其中最后两种并不常见，对受访者科研经费支持最大的当属国家与学院。

从宏观层面上来看，如图5－1所示，在以国家和学院为主提供研究经费的过程中，有三个主要问题，分别是经费的申请、使用和报

表 5-1 外国学者经费来源

国　　　家		地方政府	高校	院系	国外	自费
总人次	10	2	2	7	1	1
国家科学基金会	3					
中科院	2					
青年千人	1					
千人计划	1					
外国青年学者研究基金	1					
外国专家局	1					
不清楚	1					

（注：表中数字代表人次）

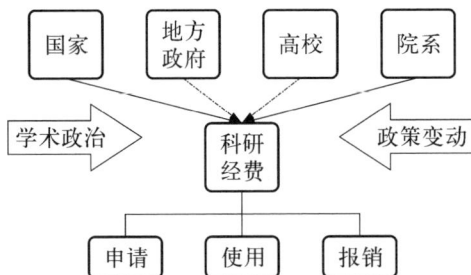

图 5-1 科研经费的渠道与相关问题

销。两侧的蓝色箭头表示的是在此过程中的干扰因素,学术政治包含经费的申请与使用过程中发生的有失公允的不端行为,政策变动指的是在经费使用和报销过程中,频繁变更的政策以及缺乏有效信息更新对于经费使用环节的影响。下面将分别针对这几点进行分析。

5.1.1 科研经费来源

在学院层面上,科研经费或者初始基金的支持,一般会比较清楚地写在工作合同当中,具体的金额和资助机会一般取决于受访者个人与学院层面的协商。在国家层面上,受访者已成功申请到的科研经费分别来自国家科学基金会、中科院、青年千人计划、千人计划、外国青年学者研究基金和外国专家局等项目和单位渠道,另外有一位受访者表示并不十分清楚自己所获得的基金名称,这种情况在涉及地方政府的基金时也有发生。受访者对于基金名称的含混不清看似是个很小的问题,但它反映出的是目前各级政府基金申请上的特点:流程较为复杂,使用中文为工作语言。虽然部分受访者具备一定程度的中文交流能力,但使用中文准备申请材料和答辩,对于他们是一件不可能完成的事情。在这种情况下,如果学院有配备秘书或研究助理,受访者便会请他们代为翻译和申报,但如果学院没有相关的支持,受访者通常会选择寻找中国学者作为研究的合作者。对于既没有助理也没有寻找到中方合作者的外国专家来说,情况可能会如 12 号受访者,他说:"从来没有人问过我,所以我假定只有中国的教职人员可以申请。♯12"。虽然真实情况并不如此,但部分受访者认为外国人的身份会对经费的申请产生影响。2 号受访者谈及很少有针对外国人的基金,当研究者问他是否听说过千人计划时,他给出肯定回答但同时也表示:"我认为这对外国人是有帮助的,但我认为大多数获得那项经费的外国人,要么很有名,要么就是海外华人。♯2"。13 号受访者的话也侧面印证了 2 号受访者的这一说法。他提道:"我并没享受特殊的外国专家政策,所以……当然,我当初应当在海外把我的职位冻结住,然后在这儿获取一个更高的职位。但我并没有那样做。♯13"。在他对于中国高校体制的观察中发现,作为一个退休教授和作为一个海外在职教授的身份进入中国高校,所享受的待遇是截然不同的,前者意味着较为丰厚的科研经费,可以用于开设新的课程和邀请讲座教授,而后者则可能意味着大额的科研资助,更加顺畅的行政流程等。

对于年轻的学者来说,寻找新的科研经费赞助成为头等大事。

有些人将目光瞄向了海外基金或者海外政府,但情况并不理想:"如果你是个外国人,你想要来中国,那么中国给你资助。如果你是个在中国的外国人,你不能够申请欧盟的资助,因为你并不打算去欧盟,与此同时也不属于访华海外学者的资助范畴内,因为你已经在中国了。♯15"。虽然有受访者获得过外国政府的经费支持,但他同时也表示,这样的机会并不多见(♯2)。

值得一提的是,上面所提到的三位受访者,他们的研究领域都属于人文社科范畴之内。反观表 5-1,在国家基金一栏内,只有一位基金获得者的研究领域不在自然科学和工程领域内,获得地方政府经费支持的两位受访者也来自自然科学领域。从一项针对我国社科类科研人员的研究中得知,社科类科研人员主持课题的课题经费金额总体偏低,过半数人员近 3 年课题经费总额低于 10 万元[95]。尽管宏观层面上缺少近年来国内科研经费发放的学科占比分析,但从国际经验来看,美国联邦政府资助各大学社会科学学科的经费比例也是远低于生命科学和工程科学及物理科学学科[92]。在这种情况下,这几位受访者可能无法体会到同时握有国家基金和学院启动资金的 16 号受访者的烦恼:"你不知道怎么花掉这些钱。因为钱太多了。你需要找到方法花掉它们。♯16"。

5.1.2 科研经费使用

在经费使用的层面上,除了两位受访者提到经费使用的流程较为刻板之外(♯1,♯18),其他受访者均表示,自己在获得科研经费的同时,并没有在研究方向或者研究内容方面受到限制(个别受访者申请的针对某一课题的专项研究基金除外)。受访者所提到的流程性约束是指,对科研资金使用渠道的限制以及邀请访问学者的水平层次限制。1 号受访者提到,相较于规定较为宽松的国家自然科学基金的拨款,来自校方的拨款对人员经费有着严格的限制,这对于一位没有实验室也不需要购买设备的理论研究者来说,是一个不太合理的要求。18 号受访者所受到的限制则是在邀请访问学者的环节,学校规定访问学者必须具有教授资历,副教授及以下则不能被列入访问学者的范畴之内。这两类规定的初衷都是考虑到资源的有效配置,但在执行过程中的"一刀切"方式给受访者带来了苦恼。

5.1.3　科研经费的报销

为了保证科研经费的高效利用,中国高校制定了较为细致严格的科研经费报销制度。5 号受访者尝试用宏观政治局势来解释中国高校过于细致的科研经费报销规定,他说:"国家整体的反腐败活动希望人们对经费的使用进行更加具体的汇报,这大概不仅仅是多了些官僚制度那么简单。♯5"。面对繁琐的报销流程,受访者往往需要通过秘书、学院行政人员或者同事的帮助,来顺利获得报销的费用。此外,由于报销政策的频繁更迭,使得受访者在经费报销的过程中仍然遇到了许多问题,该部分与政策变更有关的内容将在本小节后段中进行详细的阐述。

除了宏观层面上对于报销流程的严格控制之外,微观层面上具体的经办人可能使报销问题变得更为复杂。对于 18 号受访者来说,"因人而异"的报销政策,是他至今很难理解各种流程的原因:"经费应当被用在某些地方;有时候经费是可以按照这种途径使用的,但有些时候又不可以。但这个过程是不清晰的,取决于哪个人在处理这个问题。♯18"。他表示这并不是他个人的体会,一直帮助他处理报销事务的中国同事,也对报销流程的复杂性颇有怨言,认为即使对于中国人来讲,报销也绝非易事。12 号受访者在经历了报销费用被无故砍半之后,曾尝试着与财务部门进行沟通,而他的中国同事用亲身经历告诉他,这样的沟通不会有任何回应:"财务部门是这样表现的,'我们控制着经费,我们是最重要的'……财务部门应当是分发经费而不是控制经费的部门。不仅这里有这个问题,世界各地都有。♯12"。隶属行政体系的财务部门,本应为身处学术体系的科研人员提供流程性的支持与保障,但由于制度和观念上的错位,使得包括外国专家在内的学术工作人员,都面临着校内行政管理制度的官僚化所带来的困扰。

此外,受访者们遇到的另一个主要困难是,如何及时了解到频繁更迭的科研经费使用与报销政策。政府在短时间内颁布一系列促进科技创新的政策时,难免会遇到政策水土不服的情况,根据反馈意见做出及时的政策调整就变得尤为重要。然而对于外国学者来说,科研经费使用与报销政策本身已令人十分费解,若遭遇政策变动,则会造成更为困难的政策理解。一方面,由于工作语言的问题,行政人员转发上级新政的邮件基本使用中文。对于部分缺少专职助理或秘书的受访者来说,频繁地寻求同事的帮助并不是长久之计。另一方面,政策传递渠道的缺失以及某些政策变更和实施过程中的宣传不到位,也使得受访者在某些情况下信息不对称,某些本可规避的麻烦也成了难以克服的困难。

以下几位受访者的经历,可以帮助我们更好地理解外国专家在面对政策更迭时的境况。11号受访者对于其在政策变更之后的遭遇进行了较为概括性的描述:"他们告诉我一些关于怎样使用经费的规定,然后他们把规定给改了,但什么都没有告诉我。所以我损失了许多钱。♯11"。这位受访者将规定的执行者和决策者混在了一起,认为学院蓄意让他蒙受损失。虽然根据11号受访者在其他方面的遭遇,并不能排除这种可能性,但他的话也反映出政策变更时所存在的传递渠道的问题。语言问题导致外国专家在主动获取信息的渠道上受限,因而能否及时获取政策变更的信息就变得颇具偶然性。

除了获取政策变更的渠道有所限制之外,政策发布之后缺少缓冲适应期,也给政策变更后的第一批亲历者带来了麻烦。18号受访者便经历了这样的问题:"我上周举办了一个工作坊(访谈日期:4月28日)。结果许多规定都变了。(在过去)从研究经费中支付会议中的晚宴,是很足够的。但是刚刚在四月份,他们把规定改了,对于从经费中支付晚宴这一类开销,多了许多不寻常的限制。这规定实在是太新了,许多中国同事都还不知道具体的情况。还有许多其他此类的变更。我不太确切知道具体的规定。但我觉得还好,我会搞清楚的。♯18"。虽然受访者并没有给出新规的具体颁布日期,但从时间上推算,应该不超过两个星期。像这样新旧规定之间过渡期很短,或者根本没有过渡期的情况,使得新规后的第一批报销者难免会因为政策变更而遭遇一些麻烦。

5.1.4 科研干扰因素

权力寻租的利益诱惑和缺乏第三方监督的体制保障,使得中国高校组织在运行过程中,可能会出现学术权力左右研究经费分配的情况,更严重一点可以被划为学术不端行为。此举不但对科研质量的提升有负面作用,长远来看对于整个学术组织的文化氛围以及学术声誉都有不可估量的负面影响。

与经费分配直接相关的环节,成为此类不端行为的高发区。如前文所提到的科研经费获取多寡的问题,13号受访者并不认为问题出在学科差异上。作为一个身处管理职位,目睹着中国高校学术权力运行法则的外国人,他认为自己在科研经费和研究项目申请过程中,受到了很多非制度性因素的影响。在潘晴燕的研究中,学术不端行为的出现,是由科研管理体制的缺失、科研评价体制不健全以及监督和惩罚体制的缺乏以及整体科研教育环境共同影响的结果[96]。我国在2006年由科技部颁布了《国家科技计划实施中科研不端行为处理办法(试行)》,次年制定了《关于加强科研行为规范建设的意见》,近年来更是不断探索高校科研评价的改革措施,并于年初发布了《教育部关于深化高等学校科技评价改革的意见》[97]。然而,要根除此类科研不端行为依然任重而道远,如果此类行为确实在其他受访者所工作的组织环境中存在的话,这对于外国专家来说是一道很难逾越的屏障。

对于科研经费使用中的学术不端行为,部分受访者也曾亲身经历或者有所耳闻。11 号受访者认为,自己在学院中的影响力很低,当他自己的研究课题需要购买设备时,课题组的其他老师总是提出各种理由来阻碍他获取经费的使用权,例如有人说这个设备没有用,有人说学院已经有了这个设备,有人说没必要把钱花在这种设备上。在多次向学院和学校领导申诉未果之后,11 号受访者对于自己在学院中的境况颇感无奈,最终做出了离职的决定。

5.2　教学工作:中外理念的冲突

在本研究的受访者中,来自普通学院和合作学院的受访者呈现出了不同的工作重心。对于在普通学院工作的外国专家来说,较少的教学任务以及充足的科研经费,形成了"重科研轻教学"的工作特点,教学对象也多为研究生阶段的学生;本研究中在合作学院工作的外国专家只负责教学工作,不涉及科研任务,教学对象多为本科生阶段的学生。针对这一特点,本小节将借由 S 校四位合作学院老师的经历,来集中呈现外国专家如何理解中外教学理念的冲突,以及他们在面对中国式师生关系时的经历与感受。

在本研究中,有四位受访者来自 S 校的两所不同的合作学院,3 号与 8 号来自 A 学院,4 号与 10 号来自 B 学院。在访谈中我了解到,虽然两个学院同属于一所高校,但其内部的组织文化特点却不尽相同。两个学院的共同特点是,学院内部有专门的外事行政人员,具备较高的语言水平。不同点在于,A 学院的两位外国专家,在日常活动和教学工作中,与中方教师鲜有交流,在上课内容和考核方面具有较大的自由度,对他们目前学院的培养体制较为认同;B 学院的两位专家,在日常生活和教学工作中,都与中方教师有着密切的合作与交流关系,但他们对于中方的授课方式和考核方式都有着不同的意见,对目前学院的培养体制并不完全认同。造成这种差异的深层原因,可从两个学院的办学理念中窥见端倪。A学院官方网站的介绍中有如下描述"特区化运行：按国际一流大学的通用实践，在师资聘用、晋升考核、学生培养和管理体制方面全面采用新的模式……课程设置、教材选用、教案设计、实践训练等教学环节均与外方合作大学相关专业同步，并全部采用英文授课①。"可见，A学院的办学理念由外方主导，运行机制和管理模式较为国际化，因而学院内的外国专家对于该体制并无水土不服之感。B学院的官方介绍中提到"致力于打造工程教育领域的中外合作典范，借鉴法国工程师精英教育模式，探索和改革现有的卓越工程师培养体系。②"B学院成立仅两年，相关办学理念信息并不详细，但从这几句介绍中可以看出与A学院的明显不同之处在于，B学院对于外方的教育模式持"借鉴"的态度，并且培养模式并未成形，仍处在"探索和改革"的阶段，力图寻找一条适合中国的培养模式，这也为外国专家与中方管理层之间的矛盾埋下了伏笔。下面研究者将从10号受访者的访谈资料入手，辅以4号受访者的观点，呈现一个在外国专家眼中"办学理念不明"的中外合作学院。

5.2.1　培养模式

10号受访者对于中法高校体系中的培养模式、授课方式、考核方式等方面都进行了详细的比较。首先，从培养模式来看，当前合作学院的培养模式是法国大学校预科班和高等专业学院杂糅之后的混合模式。结合受访者的访谈资料与相关论文的介绍，法国工程师教育的培养模式包含大学校预科和高等专业学院两个组成部分。学生在高中毕业后进入大学校修习两年的预科课程，实行小班教学，课程多（通修数理化基础课程）、学时长（每周32小时以上）、强度大（20—30小时的自修和考试时间），管理模式类似于中国的高中阶段。两

---

① 引自该学院官方网页，出于受访者身份保密性的考虑，此处不将链接附上.
② 引自该学院官方网页，出于受访者身份保密性的考虑，此处不将链接附上.

年学习结束后,只有通过了由高等专业学院组织的入学考试之后,毕业生才可继续攻读三年的工程师学位,这里相当于中国的大学阶段。进入高等专业学院之后,学生才开始选择自己的专业方向,最终在修满学分之后才能获取工程师学位[98]。而在中法合作学院中,学生一入校便选择自己的专业方向,但学生仍需按法国的预科课程,修习数学、物理和化学专业的所有基础科目的课程。10 号受访者认为,此举是本末倒置的,因为在中国并不需要通过筛选性考试来进入"大学"阶段,所以很难说服已经"专业化"的学生通过修习所有课程来获得一个"广泛的基础":"我在这儿的中国学生,已经适应了中国体制,可能他们也早就知道今后想要学习的方向了,但他们仍要学习所有的物理,所有的数学和化学,即使他们今后完全不想学化学。所以我们不得不说服他们,学这些是有用的,不但会让你在领域内实现专业化,也可以获得一个广泛的知识基础。♯10"。除了课程设置之外,这种高中与大学制度"杂糅"的培养模式,也使得教师的自身定位颇为模糊。在 10 号受访者看来,预科学校的教师使命是上好课,通过生动细致的讲解帮助学生打下各学科知识基础是第一要务。他认为:"我觉得应该把这个工作留给对教学真正有热情的人。我认为好的管理体制是能够拥有一些对教学有热情并且只做教学工作的人,这样才能够聚焦在这件事上。♯10"。但与他合作的中国教师,却在职位晋升方面承担着教学和科研的双重压力,其角色更像是法国工程师教育第二阶段的教师,而现在却要履行预科阶段教师的职责,这种矛盾对于教学目标的达成可能会有潜在的影响。

5.2.2 授课方式

其次,从授课方式来看,法国预科阶段采用较为传统的教学方式,教授在黑板上板书,学生在课堂记录笔记。整个授课过程不使用课本及其他辅助资料,仅通过教授在课堂上的讲解来完成新知识的传授。这与习惯了使用课本的中国教育体制之间存在差异,于是 4

号与 10 号受访者在抵达中国后的首要工作,便是为新生编写出一套
与课程进度相匹配的教材。但是,面对一个 84 人的大课堂,10 号受
访者认为,使用中国的授课方式,很难达到理想的课堂效果:"所以
我们尝试着不完全按照法国的模式来教课,但与此同时我们也不想
像某些教授一样,来到课堂上念书本,黑板上什么都不写。因为如果
像这样的话,学生很难集中注意力。所以我们要求学生记笔记,但他
们知道早晚会有课本的,所以有些人就不记笔记,所以对我们来说,
实现预期目标不太容易。♯10"。最终通过协商,中方与法方的教师
均同意,课本依然要继续编写,但不会在讲课时展示在大屏幕上,课
堂教学通过板书和笔记的方式进行。总的来说,这是一次中法教学
模式碰撞之后的和解。

5.2.3　考核方式

中法工程师教育体制的冲突集中体现在了考核方式的差异。在
考试频次和形式上,合作学院遵循了法国预科阶段所采取的每月笔
试和每周口试的考核方式,以替代只有期末考试的中国模式。在考
核内容上,法国模式倾向于考察全学科知识的综合运用能力和多角
度思考的能力,因而考试时以数学、物理等大学科为单位进行考核;
中国模式则倾向于将学科知识按课程进行细分,采用更加聚焦的知
识考核方式。目前的考核内容沿用了中国模式,受访者认为,这破坏
了知识的整体性和综合性,但中方管理层不赞成对考核机制进行修
改,受访者只能遵守中方的决定。考核结果方面,在中国高等教育体
制下,挂科的严重后果使得教师在出题时不得不手下留情,正如 4 号
受访者所说:"如果你挂科两次,你就不能够拿到学士或硕士学位
了。这太难了……在这儿你不能挂科。我觉得因为这项规定,我们
很难激励学生,因为不管怎样他们都能拿 60 分。你不能让半数的学
生都挂科,但在法国就可以。♯4"。对于挂科的顾忌,迫使教师降低
出题难度来保证通过率,但在法方教师看来,这样做一方面无法对学

有余力的学生进行智力上的挑战,另一方面也缺乏对后进学生的督促作用。一位身处普通学院的受访者也提到了挂科这一问题:"有时在中国的大学,好像他们不想让学生挂科,他们觉得每个来到大学的人都应该通过考试。♯5"。挂科本应是由学生忧心的问题,如今却成了教师在授课和考核阶段不得不考虑的因素,这令几位受访者十分费解。

在中国工作近两年之后,4 号与 10 号受访者针对上述差异,与中方做着长期的协商与争取,虽然在中国高等教育管理体制的总体约束下谋求了许多的改变,但在诸多方面仍深感无力:"因为我们的规定是要在离开之前将这个学院交给中方,以后就没有法国人在这里了,所以我们需要教给这儿的教师怎么样用法国的方式来教学……我认为不好的一点是,我们不能够按照我们的规矩来教学,因为中方和法方是合作关系,我觉得如果我们能按照双方的意见来制定规矩,可能会更轻松些,但在这儿我们不得不遵守这里的规矩。♯10"。作为中外办学理念交锋的平台,合作学院将每一位外国专家都可能会面对的问题,在组织的层面上放大了。外国专家存在的意义,是为中国的高等教育体制带来新鲜的变化,还是作为科研与教学的一分子融入中国的体制之内?这是一个值得中外合作办学的高等教育机构深入思考的问题。

5.2.4　工作负荷

在本研究的访谈过程中,工作负荷是一致反馈较为满意的方面。而这一满意度的核心在于教学时间的压缩,以及由此所带来的科研时间的延长。在高校普通学院中担任全职工作的外国专家中,除了一位受访者表示教学和其他事务较为繁重之外(身兼系主任、学科带头人、指导硕士生、授课、邀请及接待外校讲座教授、基金申请与科研工作等,♯13),其他的受访者均对中国高校的工作负荷给出了较为积极的评价,尤其是教学方面。而较少的教学任务所带来的科研自由度,也是许多受访者当初在选择这份工作时所看重的因素。在被问及教学工作量时,受访者们给出的反馈为:轻(♯12),小(♯17),

不多(♯18);部分受访者给出了具体的教学任务量：一学年一门课
(♯1,♯11),一学期一门课(♯6),一周三个课时(♯16),以及一学期
210个课时(♯15)。在科研方面,只有四位受访者给出了具体的论
文发表最低限额,由于各个学科差异较大,此处不再详细列出。较为
一致的是,受访者对于科研与文章发表有着较大的热情,普遍愿意通
过压缩教学时间的方式来延长自己在科研工作上投入的时间,因而
虽然具体的教学与科研任务各不相同,但受访者们普遍对于目前的
工作强度表示满意。

5.3 同事合作：组织文化
融入的实质性一步

由于科研活动的合作性与知识的共享性,同事间的合作是高校
组织文化的重要组成部分。对于外国专家来说,在学院中寻找合作
者,是融入中国高校组织文化的实质性一步。然而,合作关系的建立
虽然会给外国专家的工作发展带来很大便利,但在此过程中,他们也
面临着许多阻碍与挑战。

5.3.1 合作方式

除了一位受访者表达了对其中国学者的学术能力和工作态度的
不满之外,其余的受访者均对中国学者,尤其是年轻一代的学者表示
了肯定,并且已经建立了合作关系或者有着明确的合作意向。通过
综合几位在中国高校组织内建立了广泛合作关系的受访者的回答,
研究者将合作关系的建立过程绘制成了如图5-2所示的三层壁垒
筛选机制,也就是说,在最终进入一段合作关系之前,外国专家会通
过三层壁垒式的筛选标准,对其身边潜在的合作对象进行过滤,以最
终确定合适的合作对象。这张图的绘制主要参考了9号、6号与15

号受访者的观点。9号在中国有着较为丰富的工作经验,曾经由北向南辗转三个不同的城市任教,在经历了特色各异的中方合作伙伴之后,他总结出了选择搭档的四个标准:"可能有四个条件,他们必须会讲英语,他们的工作在我看必须是有质量的好作品,并且他们必须与我有着长期互相尊重互相获利的关系,必须尊重我的兴趣。最后我必须喜欢他们。♯9"。除了最后一条涉及个人喜好的条件之外,9号受访者对于合作对象的语言水平、工作能力和研究兴趣都提出了要求,只有满足以上要求的人才能够成为他的合作意向人选。相对于9号受访者较为广泛且复杂的合作对象来说,6号和15号在中国的合作对象基本都是学院内的同事。其中,6号是这样解释他如何与同事建立了非常好的合作关系:"我们都讲英语,这不是个问题。还有研究兴趣,我和与我同领域的人合作。♯6"。15号受访者对合作关系也十分满意:"我认为我们有着共同的兴趣和经历。我有些同事也曾在我学习过的地方留学……很明显我们有着相似的学术背景和研究兴趣。♯15"。从这两位受访者的回答中也可以看出,共同的语言、学术背景和研究兴趣是构成良好合作关系的重要方面。

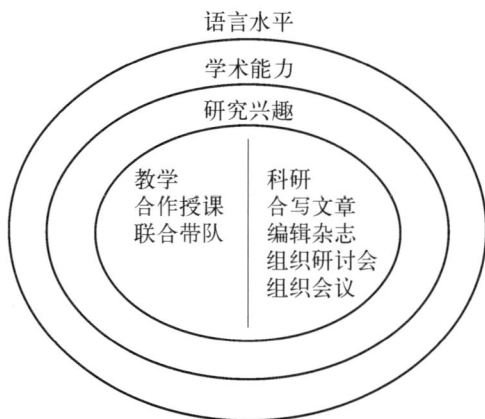

图 5‑2　受访者与中国同事的合作方式与限制条件

如果受访者能够幸运地寻找到可以一起合作的中国学者，他们在科研和教学工作上将会更多地融入中国高校的组织文化之中。4号与10号在合作学院的工作目标之一便是教会他们的中国同事用法国教育模式来开展教学工作，因而他们有很多的机会与中国同事一同授课、组织口试、编写课本，在这个过程中，两种教育模式的碰撞带来了彼此更为深入的理解。15号受访者与他的中国同事则有着更为多样化的合作方式，例如合写文章、共同编辑学术杂志、共同带队参加学生竞赛以及共同组织研讨会和学术会议等，这使得他在短时间内得到了更多的机会和更全面的磨炼。

5.3.2　合作障碍

然而，并不是所有的受访者都如上文所提及的外国专家一般，幸运地建立了良好的合作关系；少部分的受访者被这三道壁垒阻隔了合作的建立或者进一步深入的机会。语言问题方面，普通学院相较于合作学院更可能出现语言沟通方面的问题，并且在普通学院内部，部分学者的外语水平与具备留学背景的学者存在一定的差距。外国专家在寻找合作对象时倾向于具有国际背景和国际论文发表经历的学者，一方面海外留学背景和较为流利的外语水平有助于双方的理解与交流；另一方面，具有英文论文发表经历的学者，可以方便外国专家通过论文来了解其学术研究方向和科研的整体水平，有助于建立彼此的信任。研究兴趣方面，虽然大部分受访者都能够顺利地在学院内部找到合作者，但也有部分受访者表示，由于自己的研究方向在学院中并不占据主流地位，在学院内部寻找到合作者并非易事，因而他们会更多地拓展国际合作关系。

5.3.3　合作氛围

对于成功在中国高校组织内建立广泛而多层次的合作关系的受访者来说，良好的组织文化氛围是一个重要的因素。图5-3所示的是 6 号受访者在其学院内部所编织的合作网,在这些合作关系的帮助下,6 号受访者表示,他有望在今年发表 12—13 篇文章,比起去年的 6—7 篇文章的发表水平几近翻番。

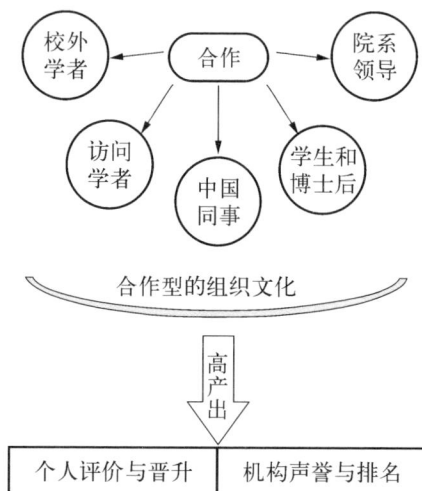

图 5 - 3　合作型的组织文化

如图 5 - 3 所示,6 号受访者的合作对象构成多样,主要有校外学者、访问学者、中国同事、学生和博士后以及学院领导五个类别。中国同事和学院领导是 6 号受访者的主要合作对象,这一点也得益于学院较为集中的研究方向。此外,由于学院提供了较为充足的科研经费,6 号受访者得以在职业起步阶段便建立起自己的科研团队,因而他的在读博士生和招聘来的博士后研究人员都在合作研究中占了较大的比重。访问学者是 6 号受访者所在学院积极推动的国际交流与合作项目,其本人及同学院工作的同事,都有机会邀请国外学者前来学院开展学术交流活动。值得一提的是,学院有着比较开放的组织文化氛围,通过定期组织研讨会等形式,使得前来学院开展学术访问的学者,不但可以与邀请人保持密切的联系,也与学院的其他学者建立了新的合作关系。6 号受访者正是通过这种方式,与学院另一位教授邀请来的访问学者开展了合作研究。在校外学者中,除了与国际学者积极建立并维持学术合作关系之外,6号受访者通过开会等方式,结识了同领域的其他中国学者,开展了合作研究。6号认为,这样紧密的合作关系,得益于一个国际化的、友好的组织文化氛围:"不知为何这里到处都是非常国际化的团体。我发现人们都非常喜欢与我互动。♯6"。正是在组织文化氛围和自身积极努力的共同作用下,6号受访者的科研工作在中国得到了良好的发展。

5.3.4　双赢模式

正如前文分析所提到的,为了实现多发论文、提升排名的宏观目标,国内高校在招聘外国专家的时候充分考虑了他们在开展科研活动方面所需的支持,一方面从国家到学院各个层面上的科研经费为外国专家的科研活动提供了资金保障,二是通过压缩教学任务的方法,确保外国专家享有充足的科研时间。短期来看,这种做法的确是行之有效的,明确写在工作合同上的论文发表任务,使得每引进一位外国专家,就意味着在合同期满收获相应数量和质量的高水平论文。然而,这种看似投入产出比得到有效保证的科研促进方式是否真正实现了双赢呢?

从外国专家的角度上来考虑,的确是"赢"的。从国际比较上来看,在国外一流高校任教的教授,很少能够像在中国一样只需承担如此少量的教学任务。1号受访者将他在中国与德国的教学任务进行了一番比较:"在其他的地方,教学量通常是一个需要考虑的方面。比如在德国就是个问题。因为如果你是一个教授,一般来讲你每年不得不教3到4门课程。在这我每年只需要教一门课程。所以上半学期我是自由的,下半学期我教课。我真的非常自由。仅仅在非常顶尖的美国大学,你能够像这样一年只教一门课。一般来说在很不错的大学里面你每年都要教两门课,所以你每个学期都很忙。在我看来,这是一个做研究的好地方。♯1"。正如研究者在"动机"的部分所分析的,某些受访者选择中国作为工作地点的重要原因,是这里非常少的教学任务所带来的大量自由时间,能够保障他们研究的开展,这对他们的职业发展和学术进步都有着很大的促进作用。

从中国高校的角度考虑,则有可能是"得了外国专家,失了中国学者"的局面。对于中国学者来说,科研与教学依然是很难平衡的两个方面。教学不但是工作任务的较大组成部分,也在薪资构成中占有一定的比例。据 12 号受访者的观察,他所在学院的中国同事,需要通过教课来保证自己的工资收入:"在这里,赚钱的方式是教课。你教的课越多,你得到的钱也越多,当然人们不得不供养家庭。然而一篇文章在被接收之前很容易就会耗费三年的时间,所以我会说,可能这里没有比较正确的薪资体系,他们想要得到科研成果,却不奖励科研工作。♯12"。在这种情况下,中国学者可能在现有的评价体系中陷入一种循环,即:科研产出耗时且不能带来经济效益——投入更多时间教课赚钱——缺少时间进行科研工作——科研产出质量下降——评价体系中得不到肯定——没有晋升机会失去科研动力——投入更多时间教课赚钱。而对于管理层来讲,为了提升整个机构的学术声誉与排名,引进国外优秀学者便成了当务之急,逐渐形成了科研与教学各司其职的局面,这对于组织的长期发展并非益事。

此外,在高等教育领域日趋国际化的背景下,加之各类国际排名的影响,中国高校越来越重视英文论文在国际刊物的发表。这一评价标准的改变,对于国内原有的学术环境有着很大的影响。13 号受访者担任学院领导职位,在他看来,要求国内的学者发表"SCI"或"SSCI"收录的期刊论文,是有些急进的论文发表要求,这对于中国学者的科研积极性有着很大的打击:"他们不得不发表 SSCI 论文,但大部分人不能发表。即使对于外国人来说,发表 SSCI 论文也是件很困难的事,怎么能要求中国人这样做呢?但你知道,发表和研究成果是晋升的评价标准。我觉得许多人就这么放弃了。他们只按照最低要求完成工作,然后就做起私人生意或者教课赚钱。我有个同事在工作的同时开始创业,可能许多人这样,只是我不知道。他总是在打电话卖些什么东西。♯13"。从中国学者的角度看,现有的体制在科研和教学方面都将他们与外国专家拉开了差距。科研方面,具有国际背景的外国专家,在英文论文发表和国际合作方面都有着丰富的经验和足够的语言能力,因而在晋升和评价体系上较中国学者有着较大的优势;教学方面,外国专家的薪资与课时量并不挂钩,并且校方给外国专家的教学任务较轻,保证了他们的科研时间,然而中国学者的薪资与课时量挂钩,与此同时要面对评价体系对科研工作质和量的要求。长此以往,薪资与晋升的双重压力,会影响中国学者的科研积极性,无法形成真正的"双赢"局面。

在这方面,15号受访者的经历或许可以为中国高校与外国专家之间的真正"双赢"提供一个可借鉴的例子。在所有受访的高校普通学院中的全职外国专家中,他的工作负荷位列最为繁重的三个之一,但他对当前工作的反馈却十分积极。他目前的主要工作有:两年期间在国际高水平刊物上发表两篇论文,每学期210个课时的教学任务,指导学生团队参加国际大赛,担任学院新成立的中心执行主任,负责学院新办国际刊物的编辑审稿工作。他认为在承担多项工作的过程中,他对学院的发展做出了贡献,也锻炼了自己的能力,并且他对教学和参赛指导的参与,使得学院的学生真正接触到了国际化的师资力量,而他本人也不仅仅作为学院的国际化指标存在于学院体系内。当然,15号受访者对于学院工作的全方位融入是受多方面因素影响的,除了他自身的态度、过往学术经历和较为年轻的年龄之外,学院的组织文化氛围、管理方式以及同事的学术素养等因素,也占有非常重要的地位。在比较15号受访者与其他外国专家的经历之后,研究者认为促进其融入组织文化的最重要原因,是学院的国际化程度以及一视同仁的工作安排。学院并没有因为其"外国专家"的身份而在教学和科研任务的分配上有所照顾或偏重,这也使得他能够以平等和平常的心态融入学院的组织文化之中,并且与其他的学者形成良性的互助与合作关系。在 8.1 章节中,研究者将以个案分析的方式,呈现 15 号受访者在中国高校融入组织文化的经历。

第六章 在沪高校外国专家与高校行政体系的互动

6.1 中国高校的组织文化特点

在全球化背景下,各国之间的经济技术交流日益频繁,组织的内部和外部环境都发生了许多根本性的变化,因而在国际化的过程中,组织所面临的最大挑战是,如何通过自身的管理、思维以及理念的变革,在不断变化的环境中谋求进一步发展,这也是组织文化建设的核心内容。对于建立在知识创新基础上的高校组织来说,组织文化的作用是至关重要的,它为创新个体提供了分享和创造的环境,并且整合成有机的群体,实现持续的知识创新[93]。因而,了解外国专家在中国高校组织文化的适应情况,有必要对于组织文化的内涵、层次进行深入的探讨。

6.1.1 组织文化的内涵

与文化的定义相似,学者们基于组织文化所涵盖的内容,将其定义为礼仪、惯例、传奇、神话、信条等共同组成的混合体,从而影响组织内部的分权形式和对过程的控制等[88]。从功能性的角度来看,威尔金斯(Wilkins)和欧弛(Ouchi)认为,组织文化具有模型和目标一致的功能,可以帮助成员在缺乏信息解读和应对能力的情况下,通过对模板的学习和对集体利益的考量作出决策[99]。

基于前人对于文化的理解,沙因通过文献整理出文化概念所涵盖的内容,包括行为规范、群体规范、信奉的价值观、正式哲学、游戏规则、气氛、潜在的技能、思维习惯、共享意义、深层隐喻或综合象征、正式仪式和庆典等。在这些元素中,沙因提炼出了文化概念的关键要素,即结构稳定性、深度、宽度、模式化和整合,并由此提出了文化的定义,即一个群体在解决其外部适应性问题以及内部整合问题时习得的一种共享的基本假设模式,它在解决此类问题时被证明很有效,因此对于新成员来说,在涉及此类问题时这种假设模式是一种正确的感知、思考和感受的方式。该定义的独特性在于,将文化的定义看做一个动态的过程,其基本特点是社会学习的产物,这使得该定义可以在不同的群体中得以应用[100]。

纵观学者对于文化的界定,不乏深度广度俱备的定义,但从分析的操作性角度来看,沙因对于文化要素和本质的阐述更具实用性,因而本研究对于组织文化的探讨将主要建立在沙因的定义基础上。

6.1.2 组织文化的层次

基于对组织文化基本假设的阐述,沙因提出了组织文化的层级,他认为任何群体的文化都可以在三个层次上进行研究——可观察的人为表象、价值观和基本的潜在假设[100],如表 6-1 所示。可观察的人为现象指的是在进入一个新的群体是,所能够看到、听到或者感觉到的所有现象,其包含的范围十分广泛,例如语言、风格、礼仪、仪式、章程、组织结构等,这一层次的组织文化有着多种多样的表现类型,非常便于观察,但很难通过这些表象来解读深层次的文化,并且这种推论是十分危险的,容易将个人的情感与反应投射其中,干扰其对于组织文化的理解。可行的方式是通过与内部人员进行交流,结合所观察的组织行为,对于这个群体所共享的规范和原则进行分析,从而对组织文化进行更加深入的探究。

表 6 - 1　组织文化的层级

组织文化层级	内　　容	特　　质
可观察的人为表象	所看,所听和感觉到的所有现象	外显但不易深入了解
价值观	反映了期望和应然状态	抽象,难以辨别及解释
基本的潜在假设	与环境的关系 事实真理和时空的本质 人性的本质 人类行为的本质 人际关系的本质	理所当然的,不可见的,潜意识的

　　一个组织的信念和价值观,根本上来讲是对于组织初始状态下领导者的原始信念和价值观的反映。这种基于个体的价值观,通过组织的共同经历之后,被最终确认为组织所共享的价值观。但在发展过程中,这些价值观很有可能会与实际考量绩效的价值观产生偏差,因而在有些情况下,一个组织所公认的信念与价值观,反映的是其所期望的行为和状态,而不是实际所拥有的组织理念,即战略、目标、质量意识、指导哲学等。在这一层级,成员所掌握的只是组织文化的片段,并没有把握其本质。

　　基本的潜在假设往往经过不同时期和不同事件的反复验证,并逐渐被证明为始终有效的,因而这一假设是不可挑战并且无须争论的。文化是一系列基本假设的集合,它界定了组织成员所应关注的内容,帮助成员解读已发生的事情,并且指导成员在情感上和行动上对于目前的事情采取行动。这一基本假设可以细分为五个内容,分别是组织与环境的关系、事实真理和时空的本质、人性的本质、人类行为的本质以及人际关系的本质。沙因认为,要解释组织文化的生成过程要综合使用群体力学理论、领导理论和学习理论。其中,学习理论是组织关于如何学习认知、感情、行为方式等的说明,而文化也是被学习到的行为。利用学习理论可以对于文化的学习过程进行解释，并且逐步掌握该组织的深层假设[100]。

6.1.3 组织文化的动态性

在组织文化的产生及发展过程中，为了应对组织内外环境的变化，组织文化会做出相应的动态调整，以便更好地与组织的发展相统一，主要包含文化形成、传承和变革三个部分[100]。在组织的创立及早期阶段，组织文化一般通过组织规范及创建者个人特质而形成并加以控制。此外，当重大的事件发生时，组织成员的处理方式将被固化下来并形成文化。在文化形成之后，组织通过社会化历程来进行文化的传递，即组织文化的传承。文化的传承主要通过新进人员的加入来实现，一方面组织会在招募过程中筛选与组织有着相同假设与价值观的人，另一方面，组织会在招募之后通过培训的方式帮助进行社会化的过程。范·梅南（Van Maanen）将组织社会化分成七个维度，分别是团体或个人、正式或非正式、自我破除和重组或自我提升、连续或随机、序列或中断、固定或变动、竞赛与比赛。组织社会化通常会产生三种结果，分别是监护人倾向，个人化主义和反抗导向。对于具有创造力及具有个人主义的专业化人员来说，采用非正式培训，自我提升的方式，不设立培训样板，对培训的阶段和结果进行把控，是较为适合的方式。组织在进入发展稳定期之后，规模扩大，难免会由于环境因素变动所带来的压力与冲突，迫使组织进行新的学习与适应。这属于自然的演化，通常伴有组织文化的差异化，即随着组织规模的变化，分工规模更加精细，使得组织次文化产生，内部结构变得更加复杂[101]。

6.1.4 中国高校组织文化

随着 80 年代后高等教育规模的扩张和政府教育投资的缩减，以及 90 年代冷战结束后社会各界对高等教育要求的提高，国际高等教育界面临着对大学组织内部"质量"和"效率"的提升压力，与之相伴的是对大学组织公司化的研究兴起[93]。

　　高校作为组织的一种形式,因其组织任务和指导思想的独特性,导致其组织文化类型也与一般意义上的组织文化有一定的区别。大学组织的基本任务包括传播、扩展和应用知识,三者分别与大学的教学、科研和社会服务职能相联系[102]。独立自主、自治、学术自由和人文主义精神,是大学的精神传统和立身之本,这也对大学的组织文化特色产生了一定的影响。因而,区别于普通的公司组织,大学组织是松散结合的系统,以有组织的无序状态存在。由于教育组织的独特性和从业人员的专业性,使得这类组织并不一定有较为明确的目标和程序规范。通常一所大学或学院的横向区分是以知识领域为出发点的基本区分形式,机构和成员有着相当程度的自主权和独立性,组织内部高度专业化,强调分权优势,纵向来看,大学组织也具备科层组织的一些特征。

　　综上所述,组织文化作为一个群体在解决其外部适应性问题以及内部整合问题时习得的一种共享的基本假设模式,在问题发生时,为组织成员提供了正确的感知、思考和感受的方式。组织文化由表及里共分为三个层次,可观察的人为表象、价值观和基本的潜在假设。在组织形成和发展过程中,组织为了应对组织内外环境的变化对其内部文化做出相应的动态调整,并通过形成、传承和变革的方式使得组织文化得以延续。由于高校作为教育组织的独特性,在模式上与一般的组织有所区分,比较有代表性的是汉迪提出的学校组织文化的四种理想模式:权力文化模式、角色文化模式、任务文化模式和人的文化模式;以及多普森和莫克内提出的学院模式、官僚化模式、团队模式和企业模式四种模式[94]。

6.2 在沪高校外国专家与高校
行政体系的互动形式

6.2.1 与管理体系互动

访谈中,受访者所提及的雇主,也就是直属领导,主要有系主任,院长和党委书记,少数受访者与校长有直接的联系。在日常工作和评价考核中,受访者的直属领导往往在学术和行政两方面都发挥着重要的作用,对于外国专家的跨文化适应也有着举足轻重的影响。通过分析受访者对管理层的反馈,可以发现不同机构之间的治理理念与方式都存在较大差异,而这种差异很大程度上取决于现任学院领导的管理风格。值得一提的是,虽然各个学院风格不同,但在一个特点上具备了相似性,即学院的管理模式与具体的操作者息息相关,而非严格按照制度运作,这导致了政策和制度上人为因素的增多,对外国专家产生了不确定性的影响。

受访者对于管理层的反馈如表6-2所示,其中有8人提供了正面反馈,5人提供了负面反馈,剩下8个人对于管理层并没有倾向性较为明显的反馈。在给出正面反馈的受访者中,对于与直属领导的沟通情况,直属领导的价值观及其个人特质,是其反馈的主要方面。沟通方面,如前文所分析的,6号受访者与他们的直属领导有着良好的科研合作关系,15号受访者在遇到问题时直接向其直属领导咨询并获得了及时的反馈,都反映出了外国专家与直属领导之间所建立的良好的沟通关系。价值观方面,较容易与外国专家达成共识的,一般为具有海外留学背景或者访学经历的直属领导。例如2号和16号受访者都曾提到,他们的直属领导具有海外留学经历,也旨在将学院建设成为更开放更国际化的高校组织,这与两位受访者自身的工

作与求学经历不谋而合,使得双方更容易理解彼此的价值观,建立了
坚实的沟通基础。此外,直属领导的个人魅力和管理能力等个人特质,
在一定程度上帮助了受访者在中国高校组织文化中的适应。例如 13
号受访者对于其所在学院的党委书记赞赏有加,认为他具有很强的学
术能力,待人友好,并且对于中国高校内的组织运作了如指掌,可以
对政策规定做出预判,知道如何寻找科研经费的支持,几乎无所不
知。"对我来说最好的事情就是遇到学院的党委书记,他很重要……
我们之间有很好的关系。♯13"。然而 13 号受访者也对此表示了担
忧:"我觉得如果我没有这层关系的话,会遇到更多的麻烦。♯13"。

表 6-2　受访者对于管理层的反馈

正面反馈(8)		负面反馈(5)	
沟通	● 合作关系	人治	● 决定权上收
	● 回应与交流		● 领导更迭
价值观	● 相似海外背景	承诺	● 不遵守 ● 不诚实
个人特质	● 个人魅力		
	● 管理能力	沟通	● 不回应

　　在给出负面反馈的受访者中,人治、沟通问题和承诺的遵守是他
们与管理层在互动中所遇到的问题,往往涉及管理层的问题很难通
过一般的反馈渠道获得解决。人治在此主要表现为两个方面,一是
学院的主要决策权集中在管理层,二是学院的政策和承诺随着管理
层的更迭而发生变化。决策权的问题将在 6.2.4"学院政治"一节中
进行分析,简单来说,学院事务通常会由较有影响力的管理层或者派
别来决定。例如,18 号受访者曾在海外有着几十年的工作经验,但
他在中国高校工作五年之后还没有弄清楚体制运作的方式:"我真
的不知道这里的管理体制是什么样的。这里是一种……学院决定一
切的方式。♯18"。而在管理层发生更迭时,较有影响力的派别也随

之发生变化,如果前后两任直属领导的管理方式与发展理念有较大差异的话,也会对外国专家产生很大影响。例如,13号受访者在入职前被承诺的许多事情,在入职之后都随着前任院长的离开而烟消云散了:"当我到这里的时候,一切都变了,邀请我来这里的院长已经离职了。♯13"。承诺由他建立的新系被迫与其他系合并建立;承诺在市中心的工作地点已经迁往了郊区,而这曾经是他选择来该校工作的原因之一;承诺配备的秘书也没有踪影,只能使用他的学生帮助处理杂事。而且由于新院长的理念与他不同,并不能很好地接受他的建议,他认为这浪费了之前积累的许多国际资源,深感痛心。然而,并不是所有废弃承诺的问题都与管理层的更迭有关,11号、17号和12号受访者分别反馈了合同没有得到全部履行以及口头承诺未能兑现等情况。其中,11号认为,学院并没有落实他们在入职前所承诺的研究经费支持,支付的工资也少了,提供的住宿在一年后也被收回。对12号受访者来说,口头承诺的研究助理和住房补贴没有得到贯彻落实,他觉得信任被辜负了:"你有这种感觉,公事公办,如果我能愚弄你,是你的责任。♯12"。在受访者面对这些涉及管理层的问题时,通常会选择与其沟通,但得到的结果是拖延回应或者不予回应,这使得他们心中的不满和疑惑迟迟不得解决,最终导致11号受访者在合同期满时选择不再续约:"我觉得在中国三年的经历已经足够了。♯11"。

如前文所分析,中国高校组织文化与权力文化模式较为相似,即"具有权力文化模式特征的组织运作主要取决于权力支配者的意愿""当组织的核心人物是一个富有创造力、明智、卓越、果敢的领导者时,组织很可能是成功的,但很多情况下,组织却有可能承受着巨大的风险"[93][94]。结合受访者对于管理层的反馈来看,一个善于沟通、有海外背景、个人能力出众的管理者,对于营造一个适于外国专家的组织文化环境有着促进作用,反之,一个不善于沟通,价值观迥异并且对于问题不做正面回应的管理者,则会逐渐消磨外国专家的工作积极性,并将他们在组织文化中推向边缘化的境地。

6.2.2　与协助体系互动

协助体系指的是与外国专家有直接工作来往的行政工作人员,例如助理、秘书和外事专员等,这些行政工作人员是外国专家在日常工作中最常接触的人群之一。在中国高校普遍采用中文为工作语言,并且大部分外国专家不具备中文能力的情况下,协助体系的规模和效率,在很大程度上决定了外国专家的工作体验。

在访谈中,受访的外国专家反馈了其所在学院提供的协助情况,如图 6-1 所示,为外国专家提供行政帮助的工作人员主要有六种工作角色,分别是:个人助理、外事专员、学院秘书、无助理/秘书、学生、同事。这六种角色之间彼此有重叠的部分,例如有的学员会将学生指派为个人助理,并且定时为其发放工资。其中,个人助理指的是仅为受访者一人工作的行政人员;外事专员指的是仅为外国专家工作的行政人员,其接洽对象在两人及以上,所属单位可以是学院、外事办或者国际办公室;学院秘书指的是在学院负责常规行政工作的秘书,同时为外国专家与中国教职人员处理日常事务;无助理/秘书指的是学院并未指定助理、专员或秘书为其工作,该情况下的受访者通常需要学生志愿者的帮助(注:需要指出的是,反馈为"无助理/秘书"的受访者,也可归类至"学院秘书",因为学院秘书是为所有教职人员处理行政工作的,但受访者往往由于不愿意麻烦别人或者得不到及时的反馈,而放弃求助于学院秘书。出于对受访者原始反馈的尊重,此处将"无助理/秘书"单列为一类,但在分析中会将其与"学院秘书"一并分析)。

通过对访谈资料的深入分析,研究者总结了外国专家视角下,中国高校组织中协助体系的三个特点:

第一,个人助理和外事专员的工作效率最高,受访者反馈最为积极。这两类行政人员的共同特点是,他们的工作对象都限定为外国

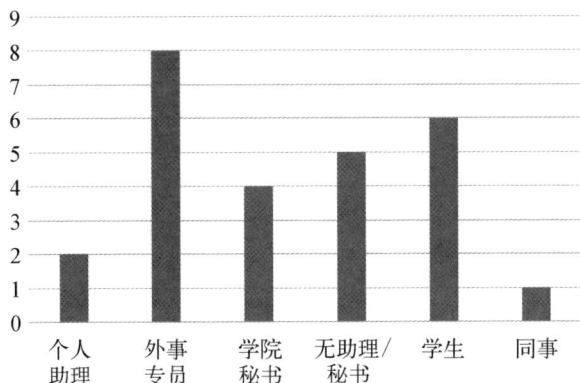

图 6-1　外国专家所在学院提供的协助情况

专家,这要求承担该项工作的行政人员具备相应的语言能力,以方便双方的沟通。访谈中被提及的两位个人助理,虽然身兼学生与个人助理的双重角色,但他们只处理一位外国专家的工作,在灵活度和工作量方面都有优势;外事专员的工作集中于国际事务的处理,因而在工作流程和内容方面都较为熟悉,在处理外国专家的行政事务方面效率较高。除此之外,合作学院中规模较大的外事专员协助体系,也使其相较于普通学院来说工作效率更高,沟通也更顺畅。在受访者的反馈中,3号受访者表示:"这里有十分庞大的行政支持体系,只要你知道特定的事务该找谁,一切就变得非常简单……他们所有人都说英语,在这里,'你需要什么'才是一个问题。#3"。同属于合作学院的 10 号受访者也表示,他们可以根据所遇到的问题大小,来决定是与行政人员一对一解决问题,还是召开一个小型会议,把涉及此事的所有教职和行政人员聚集到一起来讨论。

　　第二,与中国教职人员共享学院秘书的情况往往导致拖延回应甚至无人相助的局面。在访谈中,对学院的协助体系持负面态度的基本都属于此类情况。如前所述,与中国教职人员共用学院秘书指的是,学院没有为外国专家配备专门的行政人员,而是将外国专家与中国教职人员一起划归到学院秘书的工作范围之内。这造成了以下几个问题：首先，行政人员的英语水平不能得到保证，多位受访者反映，他们与行政人员的沟通存在问题，或者只能找少数英语水平较好的行政人员处理全部事务；其次，学院秘书的日常工作较多，往往不能及时回应外国专家的诉求，若刚好同时存在语言沟通障碍，则可能会增加双方产生误会的概率；最后，在某些只有一位或很少外国专家的机构中，学院秘书往往缺乏处理外事工作的经验，导致外国专家的许多事务被拖延或者不恰当处理，用 11 号受访者的话说就是："他们还没有准备好。♯11"。因而，在沟通不畅或者拖延回应的情况下，外国专家很容易落入行政工作的"真空地带"，导致问题积压以及误会丛生，影响到外国专家的工作。

　　第三，学生与同事承担了不属于他们的行政助理角色，既降低了工作的专业性，也给学生和中国同事平添了工作量。遇到这种情况的受访者主要有两类，一类是上文所分析的处于"真空地带"的受访者，另一类是每年只有少数几个月在中国工作的访问学者。对于第一类受访者来说，除了访谈中被提及的两位个人助理是由学院出资聘请学生担任的之外，其他的学生都只是志愿者的角色。然而受访者遇到无人相助的情况下，只得寻求他们的学生帮助，但对于 12 号、13 号和 19 号受访者来说，他们并不习惯于"使用"自己的学生："我无人可用，不得不使用我的硕士研究生，但我并不习惯于这样做。你知道，我们是不会利用我们的硕士研究生来做行政工作的……但这里人们抢夺硕士和博士研究生的生源，因为硕士和博士研究生就像助理一样。如果你想让他们去帮你买纸，他们也会去的。这太不一样了。♯13"。由于此处的学生志愿者，并不像前文所提到的个人助理一样领取学院下发的工资，因而工作效率和工作热情都不能得到保证，在许多情况下受访者需要对一些流程性事务亲力亲为，这在一定程度上影响了受访者的工作效率，他们对于中国高校行政体系的官僚特征也感触颇深。这在下一节的分析中将有所体现。而对于访问学者来说,他们每年在中国高校工作的时间短则一两个月,长则半年,受访的两位访问学者表示,其所在学院并未配备专门的行政人员,21号受访者初来中国,主要由一位同事帮助处理文书工作,14号受访者在中国期间的授课、讲座以及陪同游览等活动,均由所在高校的研究生负责。以在读学生和同事替代行政人员虽然节省了费用,但由于其没有工作报酬,因而很难确立相应的权责关系,并且在缺乏相关工作经验的情况下,无法保障工作效率。此外,要求在读学生承担相关的工作,很难保证学生真正自愿参与工作,以上几个因素叠加,导致该部分的受访者反馈较为负面。

6.2.3　参与学院会议

学院会议是中国高校组织文化内一个重要的组成部分,具有信息传递、人事选举和监督评议等多方面的功能。在受访的外国专家中,共有十二位提到了学院会议的相关内容,开会频次从每周一次到每学期一次不等。如图6-2所示,外国专家在中国高校的学院会议中,主要有参与者和旁听者两大角色,其中又细分为召集者、决策者、执行者,以及同事帮助、辅助资料、隔离,这六个参与层次,按照箭头的方向由上到下,在会议中的参与度逐次降低。

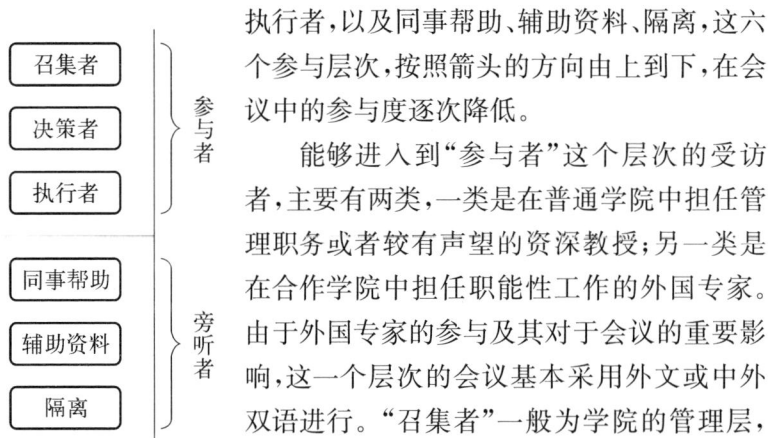

图6-2　受访者在学院会议中的参与度

能够进入到"参与者"这个层次的受访者,主要有两类,一类是在普通学院中担任管理职务或者较有声望的资深教授;另一类是在合作学院中担任职能性工作的外国专家。由于外国专家的参与及其对于会议的重要影响,这一个层次的会议基本采用外文或中外双语进行。"召集者"一般为学院的管理层,担任此角色的外国专家,通过召集学院内的工作人员召开会议,来完成工作总结与监督,以及任务下达的工作。例如13号受访者担任其所在学院的院长一职，通过每周召集例会的方式开展管理工作。"决策者"一般为学院中较有影响的资深教授，虽然不在管理层中担任职务，但通过学术委员会等部门，参与决策的制定与投票环节，对于学院的发展产生直接的影响。例如2号受访者由于具备丰富的海外工作经历，并且与学院领导的改革思路契合，因而认为自己在学术委员会中是"影响力最大的人之一"。"执行者"指的是在学院职能部门中，担任一定职务的人员，通过完成学院领导下派的任务，或者通过工作的反馈与交流，对学院的工作和发展产生一定的影响。受访的合作学院的外国专家基本都属于这一类别，其中3号受访者在合作学院参与到了外方招聘委员会的工作之中，负责为学院物色及筛选外籍教师。

　　受访者中，超半数的外国专家，都处于"旁听者"这一层次。该层次的会议大部分采用中文作为工作语言，因而对这一群体来说，不但他们自身在学院会议上所能发挥的影响力十分有限，学院会议能够为他们所提供的信息也大打折扣。"同事帮助"指的是在会议进行过程中，受访者在同事的辅助翻译和介绍下，对会议的流程和内容有大致的了解。例如15号受访者，在同事的帮助下，可以完整地复述会议的流程，了解会议的主要内容，并且通过参与会议投票，为学院的人事任免提供自己的建议。"辅助资料"指的是，受访者通过会议发放的文字材料或者邮件信息等，了解会议的主要内容。例如受访的一位日本学者，具备一定程度的中文阅读能力，因而通过辅助材料来推断会议的大致内容，他认为在这里并没有融入感"不太能融入行政体系之中。（怎样才算融入呢，您可以描述一下吗？）例如，决定雇佣谁，学院的发展方向之类的。♯18"。"隔离"是所有类别中参与度最低的一种，该类别的受访者在没有同事帮助翻译也没有辅助资料的情况下，对于会议的情况一无所知，乃至放弃参会。更有一部分受访者，没有接收到正式邀请，因而从未参与过学院会议。例如，同属于一个学院的12号与17号受访者，均表示从未受邀参加过学院会议，他们对于学院的工作、政策与发展情况并不了解，与学院其他同事的接触仅限于午餐时间。17号受访者对此有如下感受："我们在这儿是不参加学院会议的，所以我们不是这儿的一部分……就好像我们是被附加上的一样，我们没有真正进入这里。♯17"。正是在这样的组织文化氛围当中，他们逐渐感觉到，自己虽然身处学院之中，却是被隔离出来的一部分。

无论是对于"参与者"还是"旁听者"来说，学院会议都是总结工作进度、制定发展计划以及落实政策细节的重要渠道，确保每位教职人员都有机会参加学院会议，对于外国专家融入组织和参与民主决议都有着重要的意义。然而，不同的参与度使得外国专家在学院会议中所发挥的影响力以及收获的有效信息，都存在较大的差异。从上述分析中可以看出，具备比"执行者"更高参与度的外国专家，需要有资历和职位的保障，而图6-2中"执行者"与"同事帮助"之间的分水岭，很大程度上取决于工作语言。语言的隔阂阻碍了外国专家进行工作反馈、交流以及信息获取的过程，若没有得到及时的帮助，则有很大可能进入到"隔离"的状态中，这对于进一步开展合作和深层次的组织融入，都有着不利的影响。

6.2.4　参与学院政治

学院政治是高校组织文化中难以避免的一个组成部分。然而，受语言障碍和文化差异所限，大部分受访者仍未有机会接触到中国高校内部的权力运行文化。在访谈中研究者发现，学院政治在中国高校组织中的确存在，并且受访者在学院政治中的参与程度，一方面是对其在中国高校融入度的肯定；另一方面也可能对其工作与晋升造成一定程度的干扰。从受访者的反馈中可以了解到，学院政治角力的核心在于影响力的较量，因而受访者在学院中的影响力往往决定了他们在学院政治中的角色。

在"学院会议"一节中，研究者曾对受访者在学院会议中的参与度进行了分析,这也是他们在学院政治中所能发挥的影响力的表征之一。身处"旁观者"角色的受访者在学院政治中的影响力相对较低,需要体制、合同或者与学院领导良好的个人关系作为自身权益的保障。值得一提的是,虽然同为"旁观者",但毕业年限较短的受访者,对于学院政治甚少察觉。而对于有着更多工作经验的受访者来说,学院政治的存在意味着组织边缘化与影响力的剥夺。

　　组织边缘化以及较低的影响力,可能会对外国专家科研工作产生一定影响,因为对于强调合作的学科来说,置身于学院主流方向之外,会影响到其科研合作的拓展。18 号受访者发现,他所在的学院存在一个"强大的团体",该团体以系主任为首,主导着学院主要的研究方向,并决定了学院邀请的访问学者人选。18 号受访者的研究方向并不处于这个领域之内,他认为这是导致他很难邀请到心仪的访问学者的原因,因为研究方向的缘故他无法进入这个具有高影响力的团体,进而无法参与访问学者的人选决策。他觉得这样的现状不利于学院的政策制定和未来的发展,但他并没有渠道去反映这一现状,改变也是无从谈起。11 号受访者有着类似的经历。在上一节的分析中研究者曾提到,11 号受访者拒绝了与学院资深教授一同参与有潜在道德风险的活动之中,导致他之后无法再进入学院的决策层,这使得他在学院的影响力大幅降低,给他的工作带来一系列的阻力。例如,他认为其他老师选剩下的学生才推荐给他,在购买科研仪器时从不按照他的需求进行采购。他曾尝试着向校长反映这一情况,但并未收到任何回应。12 号受访者在尝试融入学院的组织文化遇阻之后这样开导自己:"想要真正融入其中是不可能的。正如我所说的,我不在意,我倒是希望不融入他们,我不想要牵涉学院政治之中,我自愿以孤独来换取这样的状态。我喜欢这样因为我能够聚焦在论文发表和写书的工作上。♯12"。他的工作多为独立完成,因而在察觉到学院政治的存在并且无法融入的状况下,12 号受访者将其当做外国人的"特权",借此远离干扰,独立开展工作。

在学院会议中扮演"参与者"角色的外国专家,则有能力通过影响学院的政治角力进程,实现个人诉求。身居管理者职位的 13 号受访者,为了谋求自己所在学科的长远发展,踏入了学院政治角力之中。入职前他所接受的工作任务是,在社会学院内部成立一个新的人类学系,但当其入职时,学院已经成立了一个人类学与民俗学系,并且安排了一个从事中国文学研究的教授担任系主任。他对于这样的学科设置提出异议,上级领导同意之后慢慢将人类学与民俗学分开,但希望他能够先担任社会学院的院长。因为当时恰逢前任院长卸职,有多人同时竞争院长的职位,但他们的水平都与之存在差距,于是 13 号受访者临危受命担任了社会学院的院长,虽然他本人并不是社会学的教授。对于这样"灵活"的学科设置与人事安排,他觉得不太好,但为了能够最终建立一个独立的人类学系,他接受了这样的安排。得益于他自身的学术威望和坚持不懈的"斗争",人类学系终于与民俗学系分离开来,但这也使得该系原来的主任很不开心。他的中国同事告诉他,如果他离开目前的岗位,人类学系可能还会被民俗学系所吞并,于是为了该系的长远发展,他从外校招聘了一位教授协助他处理"关系"事宜。他对于"关系"的运用很不在行,甚至于他在之前的国家申请终身教授时,也没有按照约定俗成的规矩,邀请任何一个教授出去吃过饭,当选后他自己都觉得非常惊讶和幸运。在他看来,"关系"是学院政治运作的方式,虽然国外也有这样的情况,但在中国格外明显。

比起 13 号受访者"惊讶而幸运"的教授晋升经历,2 号受访者的晋升之路则显得"步步为营"。他熟稔教授晋升之道和中国"关系"文化的运作方式,通过构建起自己的"投票网络",成功当选为终身教授。在刚来学院时,2 号受访者的目标并不是经营人际关系,他观察到学院的教授分成两派,一派是"爱酒人士",一派是"知识分子",他与爱酒之人共饮,与知识分子聊学术,并不打算选边站队。但当他需要晋升教授时,他意识到,想要得到足够的票数支持,他需要加入其中一派。加入派别的优势是显而易见的,不但可以用这一派的力量去抗击另一派,在领导意图找他麻烦的时候,也会忌惮他身后的其他同派别的教授,不敢轻举妄动。由于他自身的学术能力和科研热情都与"知识分子"一派相契合,他选择加入这一派,并且忠诚于他的队友,与他们共同合作,友好相处。最终,在这一派别的教授帮助下,他成功晋升为终身教授,这在外国专家中也是较为少见的。值得一提的是,2 号受访者不但在中国多所高校有着任职经历,还曾在政府部门工作过一段时间,这些经历都有助于他对中国"关系"文化运作方式的理解和学习。第九章中,将以案例分析的形式,呈现 2 号受访者对于中国"关系"文化的理解,以及在实际生活和工作中运用"关系"为自己解决问题,谋取晋升机会的过程。

6.3 在沪高校外国专家的组织文化适应问题与特点

本章节将在第四章研究发现的基础上,对外国专家在中国高校组织文化适应过程中所遇到的问题进行集中梳理,为之后的认知、情感和行为三维度分析,影响因素的分析以及改进建议的提出奠定基础。组织文化的形成与组织制度和内部人员有着密不可分的关系,以下将对外国专家在中国高校组织文化适应过程中所遇到的问题进行归类与梳理。

6.3.1 科层式的管理模式

中国高校组织所采用的科层式的管理模式,是造成许多外国专家组织文化适应障碍的一个共同问题,也是一个根本性的问题。由于民主决策制度的缺席,学院事务均由管理者本人或者特定的决策组织进行管理,因而"如何帮助外国专家更好地适应组织文化",以及

"遇到问题之后如何解决"这两个关键性问题,都依赖于决策层的重视程度,对于没有进入管理层的外国专家来说,主动权并不在他们自己手中。此外,科层式的管理模式的目标之一是保证效率,也就是强调制度的重要性,这对于从事科研创新工作的学者来说,会在某些情况下影响他们的创新动力。然而实际操作中,一方面,制度的不完善使得实际管理工作中的真空地带较多,反馈和监督机制的缺乏又阻断了制度自我调整的途径,这对于外国专家理解制度运行的方式和解决实际困难都带来了挑战;另一方面,科层式的管理模式使得上级行政权力主导了学院运营,在限制学术权力的同时也造成了行政工作成本的增加,这种与国际经验并不接轨的管理模式也给外国专家的组织文化适应带来了挑战。这两方面的特点虽然在不同的高校组织中有着差异化的体现,但在本质上有着很大的相似性,即管理层的理念在外国专家的组织文化适应过程中发挥了关键性的作用。

虽然近半数的受访者认为,他们的学院领导持有开放包容的管理理念,并且具有不错的管理能力,但对于其他的受访者来说,一个与自己理念不合的管理者,则可能成为所有问题的放大镜,进而影响整体的工作体验。首先,中国高校组织内的管理者对于组织文化氛围的营造发挥着关键性的作用,组织内的国际化程度,对外国专家的重视程度,内部成员的合作程度等,均与管理者的风格有着密切联系。如果遇到一个理念相对保守,对外国专家并不重视,并且在组织内部提倡竞争文化的管理者,外国专家很有可能会因为整体氛围的冷漠和缺少协助,而挫伤其积极融入组织文化的信心。值得注意的是,随着我国高校国际化的发展,越来越多的中国学者和管理层的领导人员,有海外留学或者学术交流的经历,这对于他们更好地推进学院内国际化的发展有很大的促进作用。其次,中国高校组织的管理者往往决定了学院的学术发展方向,与学院主流方向相契合的外国专家可以借力推动自身领域的发展,而身处主流方向之外的专家,则可能会遇到资金和发展机会方面的阻力。最后,由于学院管理人员有着较大的话语权,加之组织内部的权力制约机制的欠缺,使得管理层人员的更迭给外国专家带来意想不到的变化。例如,在进入工作环境之前,学院管理者所承诺的各项福利,很有可能在入职之后因为管理者的更迭而被取消,也有可能会因为没有明确写进工作合同而被无故取消。因此,学院内部的管理者,对外国专家的组织文化适应过程起着关键性的作用。

6.3.2 反馈机制与协助体系

健全的监督与反馈体系是组织内部自行调整的重要工具,也是帮助外国专家提高组织文化适应的重要途径。在本研究中,受访者提及的意见反馈渠道主要有两种,一种是受访者利用自身与管理者的私人关系,直接向其反映,另一种是通过协助体系(秘书、助理等)向管理层反映问题。采用第一种方式的受访者得到快速以及积极回应的比例很高,但这种方式的问题在于,受访者与管理者的私人关系是决定性因素,该渠道很有可能会因为关系的远近以及管理层的更迭而发生变化。本研究会在8.5章节详细阐述对于"关系"的依赖所体现出的体制化的欠缺,以及"特权"的使用对于其他不熟悉"关系"文化的外国专家所带来的不平等。采用第二种方式的受访者,则有很大比例得不到快速和积极的回应,在有些棘手的问题上,甚至无法得到回应。本研究中近一半的外国专家没有直接负责协助他们行政工作的秘书或助理,当他们通过学院秘书反映问题时,由于秘书的工作直接对学院领导负责,因而问题解决的效率和结果得不到保障。这两种反馈方式虽然起点不同,但其终点都是反馈给管理层,并由其做出是否回应的决断。这样一来,问题又回到了上文中所提到的科层式管理体制的弊端,外国专家与管理层的理念契合度成为反馈机制是否有效的关键所在。此外,第三方监督体系的缺失,使得管理层的决策与运行效率处在无监管的状态之下,对于外国专家来说,若是内部反馈失效,解决的方式主要是通过学校层面的领导"关系"介入学院的管理层。

此外,协助体系的差异化也是影响外国专家适应中国高校组织文化中的一项重要因素。在 6.2.2 章节中,研究者分析了完善度不同的三种协助体系,从外事专员,到学院秘书再到自行解决,学院给外国专家所提供的行政协助有着多种多样的表现形式。一个完善的协助体系可以帮助外国专家快速了解规章制度,适应中国高校组织文化,弥补制度化欠缺所带来的潜在问题。而一个相对不那么完善的协助体系,则可能会将外国专家暴露在一系列繁琐的行政流程和体制弊端之下,致使外国专家的许多跨文化适应问题得不到解决。例如,在后勤支持方面,有些学院没有帮助外国专家安排住宿,也没有相关人员帮助其度过适应期,在这种情况下,外国专家需要花费大量时间来处理与语言相关的初级跨文化障碍;在行政工作方面,设有外事专员的学院能够为外国专家提供针对性的行政帮助,而共用学院秘书和无人相助的情况,则会使得外国专家在证件办理,基金申请以及报销等事务中花费更多的时间,或者需要在处理某项工作时重复办理多次;在沟通效率方面,作为连接外国专家和管理层之间的桥梁,协助体系的运作效率直接影响着外国专家对于学院整体风格和工作的印象,有些时候低效的上传下达体系也可能造成外国专家与管理层之间的误会,为跨文化适应造成了不必要的障碍。

6.3.3 行政流程与规章制度

行政流程和规章制度都属于组织文化层次中的第一层次,即义化的人工成分,这是外国专家在进入中国高校组织之后所面对的第一层也是最表层的组织文化特征,学习行政流程和规章制度对于外国专家的组织文化适应有着很大的帮助。然而,中国高校组织中规章制度仍存在许多的模糊性与不确定性,并且行政流程中存在一定程度的人为影响因素,这些都给外国专家的学习过程带来了多方面的阻碍。从规章制度的角度来看,工作语言的障碍,政策的频繁变更以及具体操作细节缺失的规章制度,使得外国专家必须寻求外部帮助才能够对此有较为全面的把握。例如,从国家到省市级政府都推行了一系列的人才政策,如何在这些政策中找到与自身情况相符的一个,使自己的科研条件和工作待遇得到保障,这对于不能熟练掌握中文的外国专家来说存在很大的障碍。在行政流程的具体操作过程中,较为繁琐的行政手续即使对于中国学者来说也是一个很大的负担,对于大部分外国专家来说,他们只能寄希望于协助体系发挥功效来帮助他们完成项目申请和报销等一系列工作。此外,行政流程缺少相应的信息公开和监督机制,也导致行政人员在问题解决过程中的重要性大大增加,而这种行政权力高于学术权力的状况,导致问题的解决很大程度上依赖于外国专家与行政人员之间的沟通,以及关键负责人员的帮助,这对于部分外国专家来说是一种挑战,令其无所适从。

6.3.4 学院政治与人际关系

由于语言障碍,科层式的管理模式和学院政治的存在,外国专家在中国高校组织文化中很难掌握与其学术能力和资历相对应的话语权。如前文分析,语言障碍导致了外国专家在学院会议中的参与程度很低,尤其是当学院本身的国际化程度不高时,外国专家很容易由于语言隔阂而无法参与学院日常议事。其次,科层式的管理模式也决定了外国专家尤其是青年学者很难在学院中掌握话语权,除了在学院中有较大权力的管理者之外,由资深教授组成的小型团体也在学院事务中发挥着十分重要的作用,例如资源的分配、学院未来的学术发展方向等。与此同时,某些学院中也出现了利用该种影响力为自身谋利,进而产生贪污腐败等不端行为。在这种情况下,是与之为伍还是揭发检举,就成了外国专家所面临的两难抉择,前者违背了学术研究的基本原则,而后者则可能因为反馈渠道的不畅通以及管理层的不作为,致使外国专家进入孤立无援的境况。此外,对于想要在中国高校组织内谋求晋升的青年学者来说，人际关系也是重要的影响因素，如何在中国的组织文化环境中建立有效的人际关系，以及如何运用"关系"来帮助解决自己在跨文化适应过程中的问题，对许多外国专家来说都是新的挑战。

第七章　在沪高校外国专家跨文化
适应的三维度分析

7.1　认知维度：组织文化
三个层次中的障碍

前文分别从工作动机，工作内容，组织融入和行政体系四个方面，对外国专家在中国高校组织文化中的跨文化适应经历加以梳理，并且对外国专家在中国工作的整体情况进行了全方位的呈现。为了更好地从组织文化的视角对外国专家认知维度上的跨文化适应进行深入分析，本节将结合沙因[100]的组织文化三层次理论，对外国专家在中国高校组织文化的不同层次中遇到的障碍进行深入剖析。

根据沙因的组织文化三层次理论，任何群体的文化都可以在三个层次上进行研究——人工成分、信念和价值观层次以及基本的潜在假设。如表 7 - 1 所示，外国专家在中国高校组织文化不同层次中，经历了由浅入深的跨文化适应的挑战。

表 7 - 1　组织文化的层次与内容

层　　次	内　　容
人工成分	语言
	规章了解
	群体融入
信念和价值观	与管理者的沟通
	与组织成员的沟通
	集体活动的参与
基本的潜在假设	学院政治
	管理模式
	文化规则

7.1.1　文化的人工成分

　　文化的人工成分是文化的表层,是在接触一个陌生文化时所能够观察和感受到的所有现象,其中包括物理环境,语言,群体成员的礼仪,仪式与典礼,组织章程和结构等。在受访者的反馈中,语言的障碍,规章的了解和群体的融入是外国专家在中国高校组织文化中遇到的几个主要障碍。首先,语言障碍在受访者中较为普遍,仅有四位受访者表示具备一定程度的中文交流能力,占比不到五分之一。对于另外五分之四不具备中文交流能力的受访者来说,学院协助体系的完善度以及教职人员的整体英语水平,会对其语言障碍的克服历程产生举足轻重的影响。此外,语言作为一个壁垒性的障碍,是外国专家在进入中国的工作环境之前所要面对的第一层挑战,如果得不到及时有效的引导和帮助,语言障碍会影响到外国专家对于更深层次文化规则的学习。研究者发现,部分受访者无论遇到行政体系还是管理体系的问题,都会将其归结到语言的障碍上。例如,17 号受访者在整个访谈中总共提及"语言（language）"一词达 60 次，他在阐述完自身经历之后做出这样的归纳总结："学习语言是一个巨大的优势，至少 10％—20％的语言技能，能够帮助解决大多数的困难。♯17"。仅从语言障碍这方面来看，17 号受访者因为语言问题而无法进入深层次的组织文化学习，因此始终受困于最表层的障碍之中。然而，由于全球化的发展和学术工作的特殊性，学院的国际化建设与外国专家的本地化适应处于紧密互动的关系中，语言障碍的克服是一个双向的问题。一方面需要外国专家通过自身学习掌握一定程度的语言能力，另一方面需要中国的高校组织提供较为全面的协助体系，以帮助外国专家克服语言障碍。在同一层次中，规章制度的了解和群体的融入也与语言问题息息相关。由于中国高校普遍采用中文为工作语言，对于不具备中文能力的外国专家来说，语言也阻碍了他们主动获取规章制度和政策变动相关信息的渠道。除了语言之外，学院会议和集体活动的缺席，也使得外国专家缺少相应的文化活动场合，没有机会对于中国组织文化的运行规则进行观察。最后，外国专家与组织内部人员的交流与互动，也在一定程度上影响了他们对于群体规则和规范的判断，长远来看，对于其深入组织文化下一层次的理解，也有着重要的作用。

7.1.2　信念和价值观

信念和价值观层次指的是群体内成员的行事规则和礼仪等人工成分背后所遵守的价值观，反映的是群体领导者的原始信念，对应然状态的感知及其与实际状态的差异。从受访者的反馈中可以得知，在中国高校组织文化内，管理者一般为信念与价值观的制定者，与组织内部人员的沟通则是外国专家了解组织价值观的主要途径。与管理者有着相似价值观的外国专家，更有利于自身理解学院价值观以及进一步的融入。例如受访者多次提到的具有海外背景的管理者，多数情况下与外国专家不存在太多的沟通问题，并且外国专家也能够很好地理解学院制定的政策。然而在发生管理层更迭或是管理层本身所持的价值观与外国专家有较大差异时,外国专家则可能会遇到沟通或者理解方面的问题。在这种情况下,与学院其他成员的沟通和学院集体活动的参与,成为外国专家了解学院价值观的重要渠道,然而由于中国高校组织内文化建设环节的薄弱以及缺少外国专家适应学院文化的辅助体系,许多受访者都难以通过融入组织来达到对组织价值观的理解。此外,组织内的信念与价值观具有一个特点,是对应然状态和实际状态之间差异的反应。当组织所宣称的价值观与绩效相关的价值观不一致时,就会导致组织中成员可观察到的行为与所期望的行为并不一致。因而沙因认为,需要谨慎辨别"哪些指导行为属于和潜在假设保持一致的信念和价值观,哪些属于意识形态或组织理念的信念和价值观,哪些虽然合理但仅仅是关乎未来的理想化的信念和价值观。"[100]在中国高校组织文化中,第二种情况"属于意识形态或组织理念"的价值观有较大可能出现,可能管理者本人与组织所宣称的价值观便有所分歧,这也可能导致外国专家对于组织的价值观产生理解障碍。

7.1.3 基本的潜在假设

基本的潜在假设指的是组织中的成员都认可并遵循的,用于指导行为的隐含假设,"它告诉群体成员应该如何理解、思考和感受事物。"基本的潜在假设处于组织文化中最深的一个层次,在访谈中,只有少数参与到学院管理层的受访者,以及对中国文化规则有着深入了解的受访者,能够实现对了基本的潜在假设的了解。这意味着,能够进入这一层次的受访者需要具备:一,在中国长期工作生活的经历/长期从事中国相关的研究;二,在高校组织内部兼具学术和行政影响力。如果能有一位中国伴侣则是加分项,事实上,进入这一层次的受访者中,有三分之二的伴侣是中国人,这对于他们了解中国文化提供了很大的帮助。如上一段所分析的,在某些情况下,一个组织所声称的信念和价值观,是一种应然的状态,与其实际践行的价值观有所出入,而基本的潜在假设便是实然状态的呈现,往往是"不可挑战和无须争论的"。因而在这种情况下,外国专家自身所持的价值观,与组织成员所共享的潜在假设之间的冲突,便成了外国专家在这一层次需要解决的主要问题。

7.2 情感维度：面对跨文化障碍时的回应

7.2.1 心理适应路径选择

在莎弗和肖本的研究中,跨文化适应过程被看作是由心理驱动的,以一个"克服障碍"的需求开始,衍生出多种克服问题的路径,直到障碍被克服,需求被满足时,这一个跨文化适应过程才结束[39]。安德森[38]根据这一理论,拓展出了一个跨文化心理适应的路径图,可以帮助我们理解,外国专家如何在不同的环境和个体差异的共同影响下,形成"隔离"或"融入"的不同跨文化适应结果。

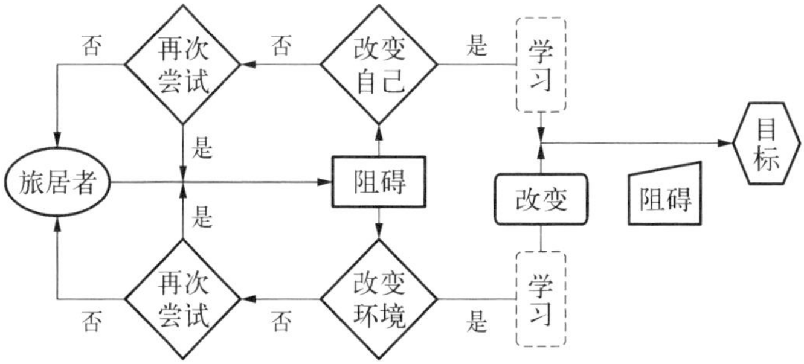

图 7-1 跨文化适应过程示意图

在这一路径中,旅居者在遇到障碍之后有两个选择,分别是通过改变自己或者改变环境来克服阻碍,如果这两个途径中任何一个达成了目标,则旅居者不但克服了本次阻碍,也通过这个过程学习了克服相似阻碍的方法,在下一次遇到阻碍时能够顺利通过。而当旅居者不愿意改变自己,或者改变环境无望时,将会面临是否再次尝试克服此困难的选择。若旅居者选择再次尝试,将重新进入上述过程,再次面对同一阻碍;若旅居者选择不再尝试,即选择了持续回避这一阻碍。

7.2.2 改变与尝试

在来华初期面对跨文化适应障碍时,大部分受访者会选择主动做出改变来满足自己"克服阻碍"的需求。以语言障碍为例,通过对访谈资料的分析可以得知,有 12 位受访者已经在学习中文,或者表达了他们想要学习中文的意向。但由于语言的习得并不能在短期实现,因而在这条路径受阻之后,受访者转而寻求助理,秘书,学生和同事的帮助,来克服语言障碍的困扰。在受访者提出这一请求之后,部分高校组织完善了协助体系,为受访者提供了及时的语言帮助,使得受访者在克服语言障碍这一问题的同时,也习得了遇到类似问题时的解决方法与流程,并且增强了他们在下一次遇到问题时主动求助相关部门的信心和动力,形成了一个良性的跨文化适应的学习回路。该种情况一般发生在具备完善协助体系和顺畅的沟通渠道的高校组织之中,外国专家在遇到问题时可以得到有效的反馈与处理,避免了由于问题搁置而带来的沮丧、挫败感。因此,处于这种情况下的受访者在情感反馈方面普遍较为积极正向,例如"有帮助 helpful""满意 satisfied"(♯6),"欢迎 welcomed""有帮助 helpful"(♯14),"有收获 rewarding""感恩 grateful"(♯15)等。

然而在尝试对自己和环境进行改变却收效甚微时,面对"再次尝试"的选择,受访者中产生了分化,一部分人尝试着去持续推动改变,一部分人决定不再尝试,接受现实。对于前一类人来说,改变自己和改变环境都非易事。11 号受访者在遇到科研经费违规使用和学院政治斗争等问题时,曾多次向学院管理层乃至校长反映情况,但都未能获得回应,于是他选择了改变自己,变得比刚来时"更加灵活了",他认为这是自己在日复一日面对这些问题的时被"训练"出来的一种能力。10号受访者由于自身的教育理念与所在学院不相契合,在向中方管理层多次提出建议并深入商讨之后,现状并没有太大的改观,他只好选择按照中方的教学和考核模式开展工作,但这对他的感受产生了很大的影响:"热情消磨掉了一点,因为学院的中方管理层对我缺少信任和回应。♯10"。他形容自己的状态为"可能在这里工作有一点疲惫。♯10",但这并不足以导致他直接离职,只是热情没有当初那么高涨了。同样坚持自己理念,持续与体制进行斗争并且最终在学院内成立了一个新学科的13号受访者,则经历了更多的斗争:"能做成这件事我觉得非常非常开心,我为此斗争了很久,觉得非常疲惫,也失去了一些健康。你知道吗,在我来这儿两年的时候我几乎要放弃了,但我意识到是压力让我想要放弃,可我不想放弃。♯13"。虽然最后他实现了目标,跨越了障碍,但在之前多次的尝试之中,他一直处于疲惫和压力的状态下。综合其他受访者的经历,外国专家在面对与自身理念不同的中国高校组织文化时,若选择主动的沟通和争取,无论结果是否能够成功,过程常常是"疲惫的(♯10,♯13)""挫败的(♯17)""有压力的(♯4,♯13)"。这在一定程度上会打击外国专家尝试克服跨文化适应阻碍的需求和动力。

7.2.3　放弃与接受现状

部分受访者在试图克服跨文化阻碍的过程中失去了动力,选择了放弃自我改变和再次尝试之后,独立于组织文化之外,进入了一个被孤立的位置。例如,12号受访者在刚进入中国高校组织时,并未得到学院较好的照顾,在宾馆等了两周之后才有人联系他前往办公室,他感觉"冷漠"和"无助"。在之后的工作中,他经历了语言障碍,租房困难,与同事合作方面的问题,未被通知参与学院会议,以及发现其他外国专家的工资比他高之类的问题,他并没有尝试去向管理层反映或者改变环境,对此他从沟通策略方面给出了自己的解释:"你不能够表现出你的愤怒。你可以表现出失望,然后持续地、柔和地给他们一些提示,比如'你知道,这仍旧是个开放的话题,我们能否讨论一下?'然后你就可以等着看看会发生什么。♯12"。他并没有像之前几位受访者一样与管理层进行斗争,而是如他所说,给出了一些温和的提示,并且等待回应。但结果是没有回应。于是12号利用自己专业领域内的知识,例如路怒(Road Rage)和保持乐观等,劝说自己接受现状。17号与19号受访者与12号受访者同在一个学院,他们的感受有些相似性,分别是"孤单"(♯12)、"缺乏归属感"(♯17)和"孤立(♯19)"。除了受访者的个人选择之外,很大程度上也与学院的组织文化氛围有关。当所处的组织文化环境长期缺乏正向反馈时,他们很难持续激励自己去挑战一个没有回应的阻碍。

综上所述,外国专家在面对阻碍时的个人选择,以及高校组织在阻碍产生时的应对,共同影响了外国专家在跨文化适应过程中的心理感受,而这种感受又会在下一次遇到阻碍时发生作用,对于外国专家的下一步选择产生影响。环环相扣,形成一个循环往复型的问题解决路径,并最终形成了外国专家在跨文化适应过程中的策略方式。

7.3 行为维度:所采用的跨文化适应策略

在贝瑞的文化融合策略之中,将旅居者对于自己母文化和身份的倾向性与和其他文化群体交流的倾向性相结合,用以判断旅居者在跨文化适应过程中所采用的文化融合策略[27]。对于外国专家来说,由于学术工作的流动性,外国专家普遍具备较为丰富的海外工作经历,其母文化虽然仍有一定影响,但并不显著,所以很难直接借用贝瑞理论中的母文化来考量其文化融合的倾向性。针对外国专家群体的特点,此处只将工作环境下外国专家自身的文化和理念与中国高校组织文化群体的理念作为文化融合策略考量的两个维度。

维度2: 保持自身文化和理念的倾向性

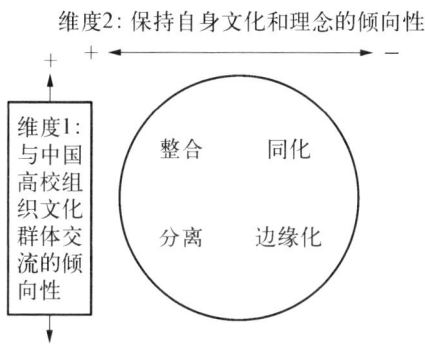

图 7 - 2　外国专家文化融合策略示意图

　　通过对访谈资料的分析,研究者发现受访者在进入中国高校组织文化的初期时,都具有很强的与中国高校组织文化群体进行交流的倾向,因而其抱有的文化融合态度属于"整合"或者"同化"这两种较为积极的文化融合策略。随着时间的推移,跨文化适应的阻碍逐渐增多,由于各高校组织文化的差异性,受访者自身理念的差异性以及这两者之间的契合与磨合程度,部分受访者逐渐分化为"分离"的文化融合策略。"边缘化"所代表的含义是,对于自身文化与理念和中国高校组织文化都采取疏远态度,本研究中的受访者鲜少有人采取此种文化融合策略。在对所有受访者的文化融合策略进行整体分析之后,以上三种策略的使用者如下表所示。

表 7 - 2　受访者使用的文化融合策略

文化融合策略	受访者编号	群 体 特 点
同化	1,2,3,6,8,15,16	对组织文化有较强认同感/优于之前经历

文化融合策略	受访者编号	群体特点
融合	5,7,9,13,14,18,20,21	对自身文化和组织文化的把握与了解
分离	4,10,11,12,17,19	自身文化和组织文化有较大分歧

7.3.1 同化

采用"同化"的文化融合策略的受访者,对于所在高校的组织文化有着较强的认同感,或者目前的工作状况明显优于自己之前的海外经历,这两者往往是相伴相生的。认同感的来源,一方面来自共同的事业目标和长远追求。对于这一组内的年轻学者来说,他们所在高校提供的优厚的科研条件,以及建设国际一流水平大学的长远目标,都与他们自身的职业发展和学术追求相契合。这些年轻学者普遍具有海外求学或工作的经历,与国外已近成熟的学术就业市场有所区别的是,中国正处在大力建设科研学术的成长期,能够为年轻学者提供更多的机会和更好的平台。因此在高校组织这一微观环境中,国际化和高水平的学科建设目标,恰好与年轻学者的学术追求产生了共鸣。

另一方面,认同感主要与受访者个人文化价值与信念有关,例如家乡在中东某发展中国家的 8 号受访者,对于中国的三个方面都颇有好感:

"第一,文化;第二,中国是一个和平的国家,并不在世界上挑起争斗……他们对自己的文化感到自豪。他们为世界做出了贡献。他们把他们所拥有的从劳力到制造业的一切都贡献了出来,他们不使用威胁手段……;第三,我喜欢这里的学生,他们对学习和成就的渴望……我喜欢待在中国。♯8"。

这位在中国工作八年,教过的学生超过七千人的教授,对于中国有着近乎浪漫主义的好感。这种对于文化价值观的认同,使得他在没有中文语言能力的情况下,很好地融入了当地人的生活,除了对食品安全深感担忧之外,他在中国的工作和生活几乎不存在跨文化适应的问题。

此外,2号受访者对于中国"关系"文化的认可也是一个很好的例子。在他看来,中国的"关系"文化并不应该受人诟病,这种半正式的人际网络构建方式,是人人都想获取的能力,因为人际网络是通向成功的必经之路,而这种以文化的方式固定下来的社交规则,正是其他文化中所求之不得的。此外,2号受访者还在看病时通过"关系"为自己安排了最好的医生,在8.5章节中会详细分析2号受访者对中国"关系"文化的理解与运用。比起之前的海外经历,2号受访者对于在华的工作和价值观都更为认可,是典型的同化型文化融合策略。

7.3.2　融合

采用"融合"的文化融合策略的外国专家,对于自身和组织的文化理念与价值观都有比较清晰的认识,并且根据具体情况在两者之间做出平衡,这在通常情况下能够满足自身和环境的双向需求。在本研究中,采用"融合"作为适应策略的受访者,主要有两类,一类是访问学者,一类是资深学者。对于访问学者来说,他们在海外所工作的机构提供了一个"母文化"的环境,他们在中国高校的工作机构提供了一个"当地文化"的环境,因而访问学者的工作特征决定了,他们不能够只固守一方的文化理念与价值观,需要在两个不同的国家和两所不同的高校组织中,寻找一个平衡。按照Black等人在1999年对于外派人员的认同感划分,访问学者属于对双方都具有忠诚度的外派人员。本研究中所访谈到的访问学者也如上所述选择了对于双方的文化的保留与接受[48]。

资深学者在本研究中主要指的是海外经历较多,或者在中国生活和工作了很长时间,以及从事中国方面的研究等,对中国有着较为深入了解的外国专家。伴侣为中国人的,有更多的机会接触到中国文化,因而也位列其中。这一类学者由于具备比较丰富的海外经历

和工作经历,对自身的原则和坚持有着比较清晰的认识,同时也具备
应对差异的能力,所以在遇到跨文化阻碍时选择融合的文化适应策
略。与选择"同化"策略的外国专家所不同的一点是,选择"融合"的
外国专家对于其所在高校的组织文化认同感没有前者那么高,更多
带有批判和妥协的态度。

9号受访者同时具备上述两类外国专家的特征:他是一名访问
学者,他在中国工作已近十年,他的伴侣是中国人。他曾经在中国三
所不同城市的大学有过任教经历,多次参与政府的项目建设,有着丰
富的跨文化适应经历。下图展示的是他与中国上司的沟通方式中所
体现出来的"融合"策略。

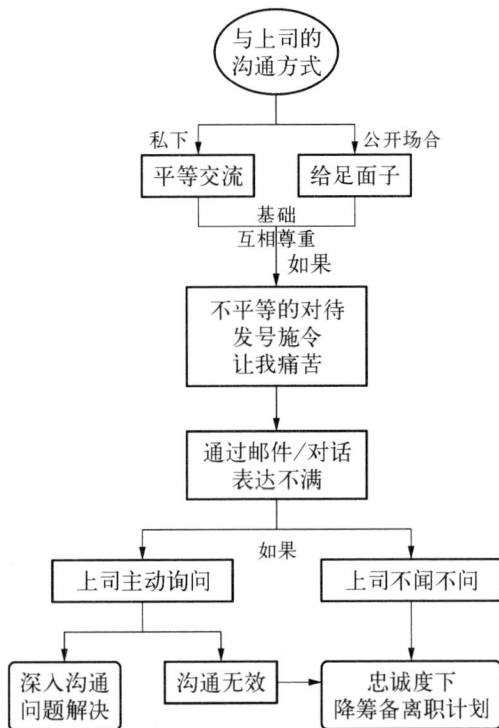

图7-3　9号受访者与上司的沟通方式示意图

从图中可以看出,9号受访者与上司的沟通方式存在"私下"和"公开场合"两种。9号受访者认为与上司沟通的基础是互相尊重,所以私下里他期待与上司能够进行平等的交流。与此同时,他也理解中国的等级观念和"面子"文化,因此在公开场合的时候,他会表现的像是一个毕恭毕敬的下属,给足上司面子。用他的话说这是亚洲文化和西方文化的融合:"我不打算在这里扮演一个亚洲人,我仍旧是一个西方人,但我会调整我的西方特质,使其在中国也具备可操作性。♯9"。然而,当中国上司将他看做一个下属,对他发号施令或者因为工资和官僚主义等问题让他痛苦时,这种融合所带来的平衡就被打破了。此时他会通过邮件或者当面对话的方式,委婉的表达自己的抱怨与不满,给上司一个机会来修补这个平衡。如果上司主动询问这一问题,他会与其深入的进行沟通,尝试着解决问题回归平衡。但如果沟通没有效果,上司依然我行我素不顾他的感受,或者上司对于他的抱怨采取不闻不问的态度时,他对于这个组织的忠诚度就会下降,开始准备离开的计划,等到机会成熟时,便会跳槽至另外的高校。除了在工作环境中保持自己的独立性之外,9号受访者在生活中也是如此。虽然他的伴侣是中国人,他的一半事业都在中国,但他并不想要加入中国国籍,为的就是保持观察者的视角,为自己的工作与生活保留一份主动权和独立性。

7.3.3　分离

采用"分离"文化融合策略的外国专家,其根源在于对其所在高校组织文化的不认同,以及在跨文化适应过程中反复受挫所形成的自我保护。如前文所述,大部分受访者在初到中国的时候,都会选择较为积极的文化融合策略,例如同化或者融合的方式,尝试融入中国高校组织文化之中。但随着时间的推移,跨文化适应的障碍日益增多,受访者逐渐意识到了所在高校组织文化与自身的理念之间存在的巨大差异,在这种情况下,一部分受访者选择了采用分离的方式来应对跨文化适应。例如之前所分析的在合作学院中工作的 4 号与 10 号受访者,在面对中法之间教育体制的冲突时,他们对于自身所属的法国教育体制有着更大的认同感,因而在多次尝试沟通但效果不甚明显之后,他们的适应趋势呈现下降或者波动的情况。除此之外,受访者所在学院缺乏相对健全的反馈与沟通机制,也是造成受访者最终选择"分离"策略的原因之一,当在沟通问题上反复受挫或是所在学院采取消极应对的方式时,受访者通常会主动或被动的进入到被孤立的状态中,进而按照自己的方式开展工作,与周围环境鲜少有交集。在受访者中,11 号、12 号、17 号和 19 号都属于这种情况,回顾 5.2.2 中对于情感维度的分析也可得知,这部分群体的情感反馈普遍呈现消极的特征。

第八章 在沪高校外国专家跨文化适应的典型案例

8.1 在沪高校外国专家与中国高校的双赢

本小节将基于 15 号受访者的经历进行案例分析,呈现一个融入度较高的外国专家所处的组织文化环境。从机构层面来看,学院通过对其长期发展目标的宣传,以及将学者自身的工作与学院的发展建立紧密的联系,营造出一个激励的组织文化氛围,增强了学院的凝聚力的同时,也提高了包括外国专家在内的教职人员的融入度。

图 8 - 1 激励型组织文化

学院通过多种方式逐步实现了上述激励型组织文化氛围的营造。首先,将宏观目标具体化,并通过会议进行及时的总结和未来工作的安排,使得每一个人都能够对学院的事务有及时的了解。会议中涉及许多方面的内容,例如"……科研,国际合作,每个系主任都会解释一下他们已经做了些什么,并且讨论下一次会议之前或者长期要做的事。♯15"。这样一来,虽然学院有许多的研究方向和分支机构,但身处其中的教职人员并不觉得被边缘化。

其次,将学院的发展目标与个人的工作紧密结合,一视同仁对待所有教职人员。以 15 号受访者为例,他在科研和教学之外所承担的工作,都与学院的长远目标息息相关。例如担任学院新办国际学术刊物的编辑,担任学院新成立学术中心的执行主任,辅导学生参加国际比赛以及帮助学院拓展海外联络等。他并不将其看成是工作负荷,而是当作一件回报性的事情去做:"显然,这不仅仅是你对学院未来发展所作的贡献,也是对你自己能力的锻炼。这是一件很不寻常的事情,因为在我来这儿之前,我不敢想象我可以做这么多事情。包括教学,指导队伍,编辑工作,建立合作关系。我觉得做这些事情是非常有回报性的。♯15"。此外,与同事之间平等的工作划分,也让他对于繁重的工作有着较高的接受度。在 15 号受访者的访谈资料中,他总共提到了 25 次"每个人",其中有 12 次提及该词的语境,是为了阐述每个人都面对着同样的境况。例如:"你看我提到了很多事情,对于这儿的每个人都是一样的。压力显然是很大的,每个人也都感受到了。♯15"。他并不认为作为一位外国专家,他受到了差异化的对待,他与同事在工作压力和目标方面,都面对着相似的外界环境。

最后,通过投票来实现学院重要决定的集体决策,保障管理层与教职人员之间较为通畅的沟通渠道。在之前对于学院会议的分析中,15 号受访者所处的角色是"旁观者",需要在同事的帮助下才能了解全中文的会议内容,但即便在这种情况下,他仍认为自己有机会参与到学院重要的人事任免等决策中来。"你看在教职工会议中,一切都是需要一起讨论的,他们想要确保每个人都能够支持学院的项目,因而不得不听取每个人的意见,来寻求进一步的建议和意见。♯15"。此外,15 号受访者提及,在其对学院的评价体系有疑问时,他找到了系主任进行咨询,后者在详细的解释之后,不但打消了 15 号受访者的疑虑,还让他觉得,学院的评价体系是对个人发展的促进,而非单纯的施加压力。管理层与教职人员之间保持良好的沟通关系,也有利于上层目标的下达与落实。

从以上的分析中可以看出,信息共享、平等合作以及集体决策,是15号能够在学院中具有较高融入度的重要条件。在访谈中,15号受访者多次提到学院的野心和未来发展目标,即,将学院发展至世界一流水平的长远目标。将自己所在的学院描述为"激励的环境",他认为是这样的组织文化氛围使得学院中的每一个人都融入其中:"只有当你处于这样的环境中,你才能逐渐对学院的野心,愿望,动力和能力有所了解,以及每个人所付出的努力。所以这是一个非常激励的环境……没有时间原地踏步,否则你就不能够加入这艘快速行驶的船舶。♯15"。

8.2　一个合作学院教授眼中的中外老板

前文已在5.2.2章节中,通过10号受访者的视角,对于中法高等教育制度在合作学院中的冲突进行了分析,本章节将从身处同一学院的4号受访者的视角入手,呈现中法两个老板共存的管理层沟通运行模式(注:此处沿用受访者的原话,称两位管理者为"老板")。

如前文所述,4号受访者所在的学院是中法合作学院,因而中法双方各有一位管理者参与到学院的管理事务中。据4号受访者介绍,中方老板的主要职责是负责学生事务和预算的管理,法方老板的职责是在中方和法方之间建立联系,增强沟通。图8-2展示了4号受访者与两位老板的沟通方式。与4号受访者直接进行沟通的是法方老板和他的中国同事,他将遇到的问题和意见反馈给这两者,再由这两者反馈给中方老板,自己并不与中方老板直接沟通。同样,中方老板在进行任务下达时,也通过受访者的中国同事来进行。因而在沟通过程中,4号受访者与中方老板之间并没有建立实质的联系,他认为对于他所做的工作,中方老板也是不关心和不了解的。例如他们正在进行的教材编写的工作,他认为中方老板不知道他们在做什么,也不知道他们做这件事多么花费时间,他觉得这是一件很奇怪的事。与其所属学院相同的 10 号受访者则表示,他们会定期与中法双方的老板一同开会,讨论解决问题的对策。不过他也表示,当遇到诸如换课、换时间等小问题时,中方老板的反馈是很及时的,但当遇到涉及制度等问题时,几乎没有办法说服中方老板听取他们的意见。

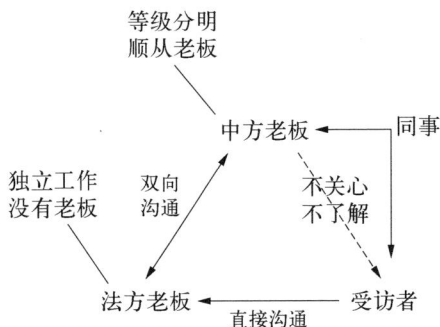

图 8-2　4 号受访者与中法老板的沟通方式

通过比较中国和法国的高校组织内的管理模式,4 号总结出了双方各自的管理特点。他认为法国的方式更加独立,没有太多来自老板的约束:"在法国我很独立,没有老板的概念。我不在一个团队内工作。更多的时候我和我的学生一起工作,当然也在某些学科与其他同事合作,但我没有一个真正意义上的老板……我喜欢自己工作,因为我知道规定是什么,这就够了,我不需要一个人来告诉我哪些规定是我该遵守的。♯4"。他认为中国的管理模式是等级分明的,并且将教职人员和行政人员视为等同,他认为这两者之间是非常不一样的。他觉得中方老板应当更多的了解他和他的同事们,而不是像现在这样漠不关心。

8.3　一位外国专家眼中的中韩对比

3号受访者任教于合作学院,之前曾在韩国的三所一流大学任教多年,中国与韩国是他迄今为止仅有的两个具有工作经验的海外国家,因此在访谈中,每谈及在中国高校任教的体会,他总要与韩国的经历进行对比,使得我们可以在国际比较的视角中反观中国的高校组织文化。由于他的反馈较为全面,并且在本研究的受访者中很具有概括性和代表性,因而在此将其作为案例进行深入的介绍和分析。

表 8 - 1　3 号受访者眼中的中国韩国对比

韩　　国		中　　国
政府收紧对英语教学的财政支持	发展潜力	英语教学市场扩大,合作学院增多
一周工作六天,赚钱多	工作量	一周工作两天,赚钱少
没有积极性	学生	很积极,渴望学习
照顾地更周到	助理	学生助理,应其要求帮助处理琐事
安排校内或周边的住宿,提供补贴	住宿	自行解决
人数少,活动多,更亲密	学院活动	学院有 1 300 名学生,每年只有两到三次集体活动

如表 8 - 1 所示,3 号受访者从六个方面对韩国和中国的高校组织文化进行了对比。在发展潜力,工作量和学生这三个方面,中国相

较于韩国给他留下了更积极的印象。首先,中国的发展潜力和较低的工作量,是3号受访者选择前来中国工作的主要动机,而这也与大部分受访者的想法不谋而合。在韩国工作时,3号受访者察觉到,韩国新总统上任之后,逐步收紧了对英语教学的财政支持,与此同时,他常年在亚洲工作的父亲向他介绍了中国合作学院蓬勃发展的情况,这促使他离开逐渐式微的韩国英语教育市场,将职业发展目光投向中国。正如前文所分析,从他个人角度出发,较低的工作量也是他选择在中国工作的原因,一周工作两天的教学安排可以保证他有大量时间投入文学创作之中。其次,中国学生的学习态度令他印象深刻,他将其形容为一个激励他教学的环境。他说他已经从事写作教学超过八年的时间,但从没有像过去的一年一样有趣。与3号受访者相似的是,大部分担任教学任务的受访者都表达了他们对于中国学生学习态度和能力的肯定,于是同时也提出了中国学生在抄袭和课堂参与度方面的不足。

在助理,住宿和学院活动这三项的比较中,3号受访者显然对韩国的印象更为积极。其中,助理和住宿都属于协助体系,在这方面他认为"他们(韩国的大学)比这所学校给我提供的照顾更多,这所学校更期待我能够自己处理好这些事情。#3"。虽然中国的高校为他提供了学生助理,但学生助理的工作范围主要是对他的教学工作进行辅助,并且学院的行政体系对于初来乍到的他来说并没有发挥应有的作用:"我们有一个庞大的行政支持体系,这很好,但我刚来的时候不知道该找谁帮忙。#3"。因此,在遇到问题时他只能临时找来学生助理帮忙处理,而不是像韩国高校有着较为完善的预备体系来帮助初到的外国专家适应学院的情况。住宿则是他初来时最为痛苦的经历之一,这一问题也困扰了诸如4号、12号、17号等几位受访者。在韩国,高校会提供校内或周边住宿,如需租房则会帮助外国专家安排指定的房屋中介,他们会提供英语服务并且按照学校的标准推荐位置和质量俱佳的房源。而在中国,由于语言不通,他没能在学校周边找到提供英语服务的房屋中介,只得暂时借宿友人家中一段时间,并在一番周折之后,通过市中心的一家对外中介租到了人民广场附近的房屋,这使他远离校园,缺少了与学生和同事的沟通机会。遇到类似问题的还有 12 号受访者。学院只派人从机场将他接到宾馆,没有提供任职前的情况介绍,他不知道办公室在哪里,在宾馆等了两周之后才有人联系他开始工作。此外,学院只提供了三天免费住宿,需要他在这段时间内自行租房,而他为了不干扰工作,自费在宾馆住了三个月之后才租到了房屋。他将这段经历称为"彻底地无助。♯12"。在学院活动方面,5 号受访者认为在韩国的高校中,彼此关系较为亲密。一是由于韩国高校的学院人数较少,普遍只有 60人左右,而中国的学院则多达 1 300 人;二是由于韩国高校会组织更多的学院活动,人们也会在活动中互相介绍,彼此熟悉。在访谈中,其他受访者也很少提到学院举办的集体活动,以初到中国的 21 号受访者为例,作为访问学者,他在学院所接受的"欢迎活动"是由他主讲的一场讲座,然而并非所有的教职人员都到场参加,而且几乎没有人提问互动,结合他在中国这两个月中"隐居者"一般的生活经历,他觉得这个学院的气氛有一点冷。

在 3 号受访者的对比之中,韩国与中国的高校各有千秋。从职业发展和工作的角度来说,中国目前的宏观发展和微观政策都具备很大的优势,而从学院融入和行政工作来说,中国高校还没有形成一个较为完善和人性化的体系。尤其对于初到中国的外国专家来说,这段时间是他们需要集中面对大量跨文化适应困难和适应中国高校管理制度的时候,因而高校在这段时间内所提供的帮助就显得尤为重要。

8.4　一个媒体人对官僚主义的理解和抗争

5 号受访者曾是一位在中国工作逾十年的记者,具备流利的中文读写能力,在长期的工作和生活中对于中国文化积累了许多丰富的经历和感受,在一次办理居住证的过程中,他利用自己的"外国人"和"媒体人"的双重角色,推动了行政管理程序的简化。

他认为,外国人在中国是享受某种"特权"的,一是中国人非常愿意帮助外国人,二是在一般的社交或者事务办理时,外国人可以在一定程度上免受"关系"文化的困扰。他觉得如果不是这两种"特权",可能外国人在中国就生活不下去了。通常情况下,他都可以通过这种"特权"来规避与中国官僚体制的正面交锋,但当他五年前进入高校工作之时,不可避免地遇到了办理居住证的问题。对于需要办理外国专家证的人来说,居住证是必须要准备的材料之一,而居住证的办理基本都在派出所进行。这是一个非常中国化的环境,身边都是同样去办理证件业务的中国人,派出所民警的英语水平在很多情况下无法达到流畅沟通的要求。虽然他本人不需要担忧语言问题,但他仍将这次经历形容为"我与中国行政管理机构打交道中最不愉快的经历":

"为了更新居住证,我在两个月时间内曾跑了7趟两个区的行政办公室。最后证明,办不下来的原因只是一台坏机器没有及时打印出我的居住证。但由于两区的政府机构缺乏沟通,导致我去了好几趟只是白费功夫。

每年更新居住证让我头疼的更大原因是,那里办公室处理公务的状态始终是混乱而嘈杂的。当你进入办公室时,没有人注意你的取号顺序。相反,你必须围挤在桌子周边,与其他申请者推挤和争抢,只有两名超负荷工作的职员在处理所有的表格。"[112]

以上文字摘录自他在上海某报纸发表的一篇文章(注:由于文章有作者署名,此处暂不附上文章链接),其中回顾了他在上海办理居住证的经历。文章发表之后,他很意外地接到了至少三个部门的电话详细咨询此事:

"我觉得上海市政府的人看到了这篇文章,然后所有这些不同的政府部门给我打电话,他们询问我关于居住证的经历,我接到了闸北区政府,人才管理部门和公安局的电话……当他们给我打电话的时候,都特别有礼貌,询问发生了什么,表示歉意之类的。"

这些来自相关部门的反馈让他感觉很是欣慰。但他没有预料到的是,事件发生一年之后,当他需要再次面对更新居住证这一挑战时,他被告知政府部门一年以前已经取消了对居住证的要求。他说:"我非常确定区政府的变化,是我之前受挫沮丧的直接结果,甚至取消居住证要求也可能与此有关。"他对此感到开心和宽慰。

在这件事情的解决过程中,他作为"外国人"和"媒体人"的双重角色,使得此事引起了政府部门的重视。"外国人"的角色,正如之前5号受访者所提到的,在中国的外国人享有"规避繁琐的程序"和"比较容易得到帮助"这两个所谓的"特权",这说明政府部门对于涉及"外事"的问题较为重视,以免产生不必要的负面国际影响。而"媒体人"的角色则赋予了5号受访者一定的公众影响力,使得这件事情跨越了常规的行政反馈流程,通过自上而下的"非常规"渠道得以解决。虽然5号受访者间接地推动了政府部门的程序精简,但问题的解决过程也恰好是政府部门机制不完善的体现,有效畅通的反馈机制只在特定的情况下才能被触发,很大程度上取决于相关事件所引发的关注度以及管理者的意见。研究者不禁要问,如果抛开"外国人"和"媒体人"的角色,5号受访者所能做的只是耐心等待吗?

8.5　一位外国专家对"关系"的运用

2号受访者是一位社科领域的研究者,五年前来到中国,他先在北京工作了几年,近两年来到上海某高校任职。他的妻子是中国人,起先因为妻子的缘故频繁到访中国,对中国的学术环境和工作模式都有了一定的了解。后来,他认为自己由于学术研究立场的缘故,在其工作的地方(美国)受到了不公平的对待,于是决定来中国工作和定居。他在中国的任职经历十分丰富，由于所研究的学科比较特殊，他在政府部门和多所高校都有过工作经历，对于中国"关系"文化的运作方式既熟悉又认同。在此将通过三个事例，详述他运用"关系"为自己解决工作和生活问题的过程（其中有两个在前文简要提及）。

1. 构建关系

2 号受访者提到，最初他对"关系"文化的印象跟当前西方的普遍观点类似，觉得这是一个不怎么好的事情，隐约与腐败行为有些关联。而在中国生活多年之后，2 号受访者对于"关系"文化的理解发生了变化，他认为，一方面这是一种更加成熟而高效的社交文化机制，有助于建立和管理人际关系；另一方面，在一个组织环境之中，个体之间的联系所构成的关系网，是对抗组织以及组织管理者强势行政权力的一种重要方式。以自己晋升教授的过程为例，2 号受访者介绍了自己对"关系"文化这两方面的理解。

"在中国，如果你想要晋升为教授，你需要与人建立联系，这样大家才会投票给你。然后你请这个人吃个晚餐。这是贿赂吗？这不是。你是在跟这个人建立联系，你用这种方式给他们尊重和'面子'。所以如果他们投票给你，那么你也不丢面子。你们之间建立了信任，这是做事情的一种正式的机制。你知道怎么样才能得到晋升，你知道怎样建立联系，在这里有个模板可以遵循。而在美国没有这种模板，你没法高效地建立这种联系。"

2 号受访者认为，通过建立关系得到职位上的提升是中外皆有的一种现象，但"关系"构建过程的体制化是中国特有的一种行为。然而，许多学者在西方的组织文化背景下已经开展了相关研究，研究表明社交网络的建立机制并不是中国特有的，许多西方学者基于此也已建立了相关理论框架，例如结构洞理论和社会资本理论等[103—105]，在理论和实践上指导社交网络建立。这一点在 13 号受访者的讲述中得到了印证。在 6.4 章节中，他提到了自己在澳大利亚晋升教授的经历。他说"我以为我永远不会晋升为教授，因为我从来没有邀请别人一起吃过晚餐。但我最终还是当上了教授。我觉得又惊讶又幸运。"在他的讲述中,"约别人出来吃饭"这一行为,在澳大利亚的高校中,是一个约定俗成的行为,并且在中国以外的地方,构建"关系"在晋升教授的过程中也是很重要的。

此外,2号受访者对于"面子"的表述体现了他对于中国文化环境中的价值建构体系的理解和一定程度的认可。根据相关的研究,"面子"这一概念包含三个主要方面的内容,一是权力和联结——象征一个人的社交权力和人脉资源;二是道德与尊敬——意指一个人的德高望重;三是面具与形象——指的是一个人的外在形象以及社交人格[106]。在2号受访者的讲述中,"面子"这一概念背后所体现的权力与人脉资源,是他所看重并引以为傲的,这一点稍后将详细阐述。对于"面子"这一概念中所隐含的道德地位与尊敬,2号受访者在他与年轻老师的互动中有所展现。2号受访者在讲述中提到了,学院里的年轻老师尝试与他构建"关系",他们会给他打电话并邀请他一起吃晚餐,但他通常都会"作弊",意思是"偷偷把账单付了"。他说"我会假装自己去厕所,然后悄悄地把账单付了。如果他们付钱的话我会觉得有一点不舒服。"对于一起吃饭这件事,他认为"这(吃饭)是他们接近我的方式。这提供给他们一个机会让他们介绍自己'＊＊＊是我现在做的研究',然后你就大概了解他们是怎么样的人了。如果你觉得这个人不错,那之后你就会支持他的晋升。"前文中曾经提到,2号受访者在刚来到中国的时候,认为"关系"文化隐约与腐败行为有所关联,比如请客吃饭或者送礼物之类的。在这个例子中,他通过"偷偷付账"的方式,回避了自己对于"关系"文化中不太认可的一部分。此外,年轻老师邀请吃饭这件事,对于2号受访者来说,既是人际关系的建立,也表现了年轻老师对2号受访者的尊敬。正如前文提到的2号受访者原话"你是在跟这个人建立联系,你用这种方式给他们尊重和'面子'。所以如果他们投票给你,那么你也不丢面子。你们之间建立了信任,这是做事情的一种正式的机制。"这一尊敬是对于2号受访者在学院中的价值与地位的认可,也是两方互相尊重互相支持得已建立的前提[107]。

2号受访者在晋升教授过程中对于"关系"的另一个重要理解是,通过关系所构建的团体能为自身地位与资源优势提供保障。针对上文中所分析的中国高校组织文化中的科层制度以及领导者决定权较大的问题,2号受访者认为,团体的建立可以用来在某些情况下抵抗上级的领导。他说,"在中国,你可以同时与六七个人建立关系,然后组成一个团体,去对抗另一个团体……如果某个上级领导伤害了我(的利益),他明白他会惹怒我这个团体的人,然后我们会给他找麻烦。即使他不喜欢我,他也得小心行事,因为他不想跟这个团体里的其他人搞僵,对不对?当然我会确保这些人始终是我的朋友,我会跟他们好好地相处。然后我们会对他(上级领导)友好并且一起做些好的工作,这对我们学院都是有利的。"就此问题,他对比了之前在美国工作时的情况,他认为在美国,每个人都是个体化的,彼此分隔的,这导致有权力的人可以很容易地"打击"某一个人,而大家又没有方法来建立这种"货真价实"的联结。然而,根据现有的研究,美国很多大学都采取了一定程度的教授治学的模式,即大学的学术人员指导学术及其相关事务的运行与管理[108],并且在管理体制上有比较明确的权力制约机制,以保障权力和整个体系的良性运行[109]。相比较来说,中国的高校组织仍存在不同程度的"行政领导学术"的现象,大学"学术委员会"制度仍在探索与改革之中,"去行政化"正在进行中[110],体制运行尚有很多不完善之处[111]。2号受访者对于借助团体来抵抗上级领导的压力的表述,恰好佐证了中国高校组织内相关制度的不完善,例如反馈制度,权力制约制度等。结合2号受访者前后的讲述,研究者认为他对于中美高校组织文化的理解,在较大程度上受了个人经历的影响。在访谈中他曾提到,由于自己学术立场与美国学界的主流意识形态不相符,他在美国受到了很多不公平的对待,而在中国的文化环境中,由于工作经历和"关系"资源,他在这种体系内成为既得利益者,因而他对中国的"关系"文化持非常认同的态度。

2. 使用关系

当被问及在北京的"关系"时,2号受访者讲述了一个他在治疗过程中寻求"关系"帮助的例子。"几年前我生病很严重,在上海某医院住了一个多月,医生们都不知道该怎么样医治(我肺部的疾病)⋯⋯我有个在北京的朋友有一些权势,他听说了之后很生气,于是直接给一个上海人大委员致电,让他去医院看看到底是什么情况。紧接着这个人联系了＊＊＊(某领导人)的医生,她过来看望了我,并且重新看了一下我的病例,当时那个医院里所有的医生都很惊讶'那是＊＊＊的医生!'。"他说他不喜欢使用这种特殊权力,但是有些时候如果他有了些麻烦,他会尽自己所能做点努力,而这种努力通常是利用自己与上层的"关系"而实现的。例如在学校中,如果学院的领导给他带来了某些麻烦,他会直接找到学校的领导然后说"这个人给我制造了麻烦,请让他停止。"他认为这是一种高效的解决问题的方式。

结合上文对于"面子"这一概念的分析,2号受访者在讲述中对于自己通过"关系"而获取的权力与地位是认可的,并且希望获得与之相对应的尊重。当遇到问题的时候,2号受访者会向自己的"关系"寻求帮助,并随之获得解决问题的相应"特权",这种"关系"所带来的正向反馈使得2号受访者愈发认可"关系"所能发挥的效用。在这两个例子中,2号受访者对于"关系"这一概念的理解已经超出了上一部分中他所提到的"社交网络"的建立,"关系"对于他而言带来的是"特权",使得2号受访者在中国的社会文化环境中获得了超出规则和体制的待遇。然而,设想如果没有"关系",他该如何处理上文中所遇到的这些问题?而对于其他外国专家来说,如果没有相应的契机和能力来建立"关系",他们该如何寻求帮助?2号受访者对于这种特权的使用,一方面是当前高校体制建设不完善的体现,另一方面也反映了"关系"的差异化应用所带来的不平等。有章可循,有据可依才是高校管理体系可持续发展的长久方式。

第九章 政 策 建 议

9.1 在沪高校外国专家视角

9.1.1 对高校组织的建议

如表 9 - 1 所示,受访者对其所在高校组织的建议主要集中在体制,管理,学院融入和协助体系四个方面。

体制方面:

(1)中国高校目前所采用的导师负责制的研究生培养体制,和标准不一的学科与课程设置,都与国际通行的体制有所区别,前者可能会因为导师的专权而致学生的利益受损,后者则会在培养体系方面造成一定程度的混乱。

(2)受访者认为高校应当采用更加多元化的评价体系,尤其对于基础学科来说,仅采用排名的方式来判断科研成果的质量对于学科的长远发展有着负面影响。

(3)高校应当尽量规避学院政治的影响,积极拓宽科研方向,广泛邀请各个科研方向的访问学者,避免一家独大。

(4)建设研究型大学的关键是研究生的教育和科研质量,中国高校目前的情况是,本科生较为优异,但在研究生阶段人才大面积流失,这对于高校科研发展无益。

管理方面：

（1）多位受访者都提到了外国专家在中国高校的定位问题。2号受访者认为，中国高校对于外国专家的特点和优势都不够了解，因而在如何任用外国专家方面没有很好的规划，使得外国专家在中国高校并没有发挥出他们应有的作用，很大程度上只是通过自身的"外国人"身份为其所在学院增添了声望。10号受访者也希望中国高校能够反思，邀请外国专家来中国工作的意义是什么？是遵守中国的体

表 9‑1　受访者对于高校组织的建议

受访者对高校组织的建议	
体制	研究生培养体制
	学科与课程设置
	评价体系多元化——不要只考虑排名
	拓展科研方向
	加强研究生的招生与教育质量
管理	外国专家的定位
	开放对退休学者的聘任
	增强信息的透明度
	加强沟通——不要直接拒绝和否定
学院融入	学院内建立交流室
	工作语言
	学院会议
协助体系	住宿问题
	网络管制
	助理
	安排语言学习

制,还是影响与改变中国的体制?

(2) 18号受访者建议中国高校可以多引进海外退休的学者,这一部分外国专家已经在海外高校退休,有很高的研究热情,并且对于条件要求不高,只需要一个继续做研究的地方,很适合中国高校科研发展的需求。

(3) 在财务报销,政策下达等方面,高校应当增强信息的透明度,建立监督和反馈机制。

(4) 管理层应当加强与外国专家的交流与沟通,不要直接按照中国的规章制度予以拒绝和否定。

学院融入:

(1) 学院内建议增加交流室,方便教职人员的日常科研交流和日间休息。

(2) 学院建议采用更加国际化的工作语言或者采用中英双语以便外国专家的融入和信息获取。

(3) 学院会议建议邀请外国专家参与,或者单独为英语使用者召开会议,保证每一位教职人员的融入和参与。

协助体系:

(1) 建议学院为长期和短期来华的外国专家解决具备基本设施的住宿问题。

(2) 建议学院解决网络管制的问题。

(3) 建议学院为外国专家安排助理。

(4) 建议在外国专家抵达初期安排语言学习培训。

9.1.2 对在沪高校外国专家的建议

如表9-2所示,受访者对于有意前来中国高校工作的外国专家或者已经在中国高校开展工作的外国专家提出了人际关系,自我调节,知识技能和工作方面的建议。

表9-2 受访者对即将来沪外国专家的建议

受访者对即将来沪外国专家的建议	
人际关系	建立关系网络
	主动与别人交往
自我调节	避免偏见
	避免价值判断
	观察
	开放
	耐心
	对中国有兴趣
	不要有太高期望值
知识技能	学习语言
	了解文化和行为习惯
工作方面	聚焦在具体项目上
	提前谈好工作条件

人际关系方面：

（1）在职业发展的过程中，建立有效的学术关系网络，为职业晋升做好铺垫。

（2）建议主动与同事们交往，建立友好的工作关系，不要让别人对自己有一个冷漠骄傲的印象。

自我调节是受访者提及最多的跨文化建议。由于中国的宏观文化环境与微观组织文化环境都与国外有较大的差异，因此受访者建议外国专家在进入中国时，对不同的事物保持开放的态度，在遇到不熟悉的事情时先采取观察的策略，避免先入为主的价值判断所带来的负面情绪，并且要一直保持耐心，持续的对跨文化现象进行观察和解读，不能轻易放弃。遇到困难和挫折时也应当聚焦在积极的方面，不要总是看到事物坏的一面,而阻碍了自己全方位地分析问题。

知识技能方面:受访者建议外国专家在有条件的情况下,能够提前学习一下中文,这样能够解决很大一部分的跨文化适应障碍;其次是要提前学习中国文化和行为习惯,以便在遇到具体问题时进行解读和分析。

工作方面:聚焦在具体项目的执行上,可以转移跨文化适应困难所带来的一系列负面情绪;提前与中国高校谈好工作条件,商议好具体的合同内容,可以避免在工作正式开始之后,因为承诺兑现的问题耗费精力。

9.2　研究者视角

9.2.1　对高校组织的建议

作为跨文化经验丰富,并且以工作为导向的群体,外国专家较为看重其工作的发展潜力。中国良好的经济发展预期,充足的科研投入,以及上海的国际化区域优势性,为外国专家的跨文化适应趋势奠定了乐观的基调。与此同时,中国高校独特的组织文化也时刻考验着外国专家的跨文化适应能力,以下将从组织文化的角度提出三项政策建议,以期改善外国专家跨文化适应情况。

1. 推动高校管理的国际化,提高管理效率,是提高在沪外国专家工作体验的关键

高校管理体系包括院长、党委书记等领导层,也包括助理、外事秘书等辅助人员,是外国专家在日常工作中最常接触的人群之一。在中国高校普遍采用中文为工作语言,并且大部分外国专家不具备中文能力的情况下,管理体系的规模和效率,很大程度上决定了外国专家的工作体验。管理与协助体系是帮助外国专家适应中国高校组

织文化的关键所在,也是在现有体制内应对不同文化间冲突的较为灵活易行的方式。首先,学院应当建立外国专家的入职培训或引导体系,以帮助外国专家尽快融入中国高校的工作环境,并且帮助他们解决基本的生活问题,例如:租房问题、手机卡问题、校园游览及基本校园服务的介绍。如有条件,最好在新人入职时举办迎新和介绍活动,营造较为和谐温暖的学院氛围。其次,建议学员配备外事行政专员,专门负责外国专家及访问学者的涉外行政事务,此举可以保证外国专家在必要时得到及时的帮助,并且在各个高校推动全球化的背景下,外事专员在涉外行政工作方面的经验积累对于学院的长远发展也是有益无害。最后,应外国专家的要求,学院或者高校应当组织外国专家进行语言的培训,帮助其获得基本的语言能力,从而加快其跨文化适应的进程。此外,由于中国高校组织文化与典型的西方高校组织文化存在一定的差异,因此在现有体制内,提高协助体系的效率与质量,是应对不同组织文化间差异的灵活易行的方式。

2. 健全的监督与反馈体系是帮助外国专家克服跨文化适应障碍的重要途径

有效的反馈与监督机制不但能够促进高校组织内部调节,也是外国专家自身权益的保障。在中国高校的科层式管理模式下,外国专家遇到跨文化适应障碍时,问题能否解决高度依赖管理层的运行效率,在缺少监督机制的情况下,外国专家无法对管理效率与结果进行申诉,这种与国际经验有所不同的管理模式给外国专家的组织文化适应带来了挑战。针对该情况,本研究建议在学院层面上,建议将反馈渠道,负责人以及反馈时限在学院规章中写明,以保证外国专家的问题能够及时得到反馈或解决。此外,反馈和问题解决过程的透明度也是推动学院内部自我监督的有效方式。在学校层面上,建议设立独立于学院机构的第三方监督部门,当外国专家遇到学院层面无法或不愿解决的问题时,可以通过第三方监督部门反映情况,以促成问题的解决。总的来说,完善相关制度规定以及反馈渠道,设立独立于学院机构的第三方监督部门,发挥学校对各学院的管理统筹作用,及时监督并制约学院内部违反流程和规定的行为,也为学院内部问题提供一个外部上访和举报的渠道。体制的建立与健全才是长久解决外国专家跨文化适应问题的关键所在。

3. 在"中外碰撞"中明确外国专家的定位

访谈中所有的受访者都有丰富的求学及访学经历,他们所用来参照的高等教育体系是一个国际化的组织文化体系。在这场中外管理方式的"交锋"之中,中国高校组织文化既有迫切实现国际化的需求,也应在这个过程中反思,如何保留中国特色,实现平等、和谐的"中西对话"。目前,中国高校虽然响应政府号召,大力推动学院国际化的发展,但学院管理者和内部人员对于国际化的目标和实现该目标的渠道,并没有一个较为清晰的认识,这就造成了前文所分析的,将"引进外国人"单纯地视作完成国际化指标和提高论文发表水平的途径。并且,部分管理者缺少对于国际化的办学、科研和管理理念的明确定位,也造成了中外教育理念对话中的诸多冲突与不确定因素。这两方面共同作用,使得外国专家在中国高校组织内的角色和贡献,尚有很大的挖掘潜力,例如,拓展国际合作、推动科研和教学的国际化发展等。这需要中国高校组织的管理者能够突破旧有的格局,积极探索既有利于学院发展,又有助于外国专家融入的双赢管理模式。除了管理方式之外,中国高校急需培养合作、友好、鼓励交流的组织文化氛围,通过学术社交网络的建立,帮助外国专家在中国高校克服潜在的跨文化适应障碍,而不应将"引进外国人"单纯的视作完成国际化指标和提高论文发表水平的途径。总的来说,中国高校应积极探索与外国专家的协同合作,鼓励外国专家发挥主观能动性,积极拓展海外联系,引进国外先进理念,推动深层次的科研和教学的国际化发展。

9.2.2　对在沪高校外国专家的建议

1. 了解中国,从访问学者做起

建议外国专家在决定进入中国高校从事长期研究和教学工作之前,先通过访问学者的身份,与其意向学院展开合作,深入了解学院的管理者风格,人员素养以及行政体系之后,再进入中国高校展开全职工作。一方面,道听途说的"中国经验"可能会对外国专家产生不必要的误导,使其对中国的高校组织产生偏高的期待,进而影响之后的适应过程;另一方面,亲身经历中国高校的组织文化,可以帮助外国专家筛选更加适合自己的工作场所与合作对象,并且在合同谈判中掌握主动权。

2. 开放与接纳,反馈与交流

在进入新的组织文化环境之初,外国专家难免会遭遇许多与自身文化体系相异的行事规则,和匪夷所思的文化习惯,在这种情况下,建议外国专家能够保持开放与接纳的态度,来对待新环境中自身不能够理解的行为与现象。某些现象甚至会激起外国专家的愤怒,例如公共场合的不文明举止,以及过分委婉的行事态度。这种情绪积累一段时间之后,外国专家或多或少都会遭遇一定的负面反馈,例如:沮丧,失望,愤怒,崩溃等。在这种情况下,选择封闭自己并不能够推动自身的跨文化适应,外国专家应当通过与当地朋友的交流,逐步理解新环境的文化思维。因而,建议外国专家在进入中国工作的初期,能够主动避免与外国人团体的过多接触,尽量寻找机会与当地人交往,积极推动自己的跨文化适应过程。

3. 持续的语言与文化学习

目前,只有少数的学院为外国专家提供了语言与文化的培训内容,而其中又有许多外国专家的时间不能够很好的配合学院的课程安排。建议外国专家在进入中国高校组织工作之后,通过自学或其他方式,学习基本的生活用语,克服日常生活中的语言障碍。比语言学习更加重要的是对于文化的学习，建议外国专家发挥自身的职业优势，在阅读相关书籍的基础上，尝试着立足于宏观的文化与社会背景来探索自身困难产生的原因，从根本上促进自身对于不同文化的理解，提高跨文化适应能力。

研 究 展 望

在研究开展的过程中,研究者逐步意识到研究设计本身存在一定的局限性,在此逐一分析,期望在未来的研究中有机会加以弥补和改进。

首先,样本的选择存有偏见。意识到这一点得益于对 1 号受访者的访谈。在访谈的最后,他指出了这一问题:"因为我很满意,所以我仍然留在这儿。你的样本是存在偏见的。你选择的样本都是正在这里工作的人,所以他们当然乐意留在这儿。♯1"。显然 1 号受访者的表述也并不完全准确,因为有部分受访者因为工作合同所限无法立刻离职,比如 11 号受访者在对他身边所发生的学术腐败彻底失望之后,等到合同期限结束,便由全职教授转为了合作教授,脱离了体制环境;或者部分受访者虽然并不满意,但由于某些牵绊或利弊权衡而选择留下。然而大部分参加本研究的外国专家,都是在中国高校体制内坚持下来的人,从一定程度上来讲是较为成功的适应者(虽然在前文的分析中我们也了解到,每个人的适应程度都有所不同)。在意识到这一点之后,研究者曾专门联系两位已经离开中国高校的外国专家参与访谈,但很遗憾的是,由于种种原因未能对他们进行访谈,以至于最终没有访谈到因无法适应中国高校体制而彻底离开的外国教授。

其次,语言问题影响了部分受访者对于自身感受与经历的阐述。本研究访谈、转录和分析过程中所使用的语言均为英语和汉语。在研究设计时,考虑到外国专家常年游走于国际学术的各项交流活动中,所以研究者认为即使母语不是英语的外国专家,也应当具备一定水平的英文沟通和表达能力。然而在访谈的进行中,研究者发现情况并不是这样。虽然每一位受访者都同意接受英文访谈并具备基本的英文沟通的能力,但部分受访者可能对自身研究领域的术语和表达更加熟悉,在表述自身感受与经历的时候,不一定能够准确地表达自己想法,这对于研究者理解他们的感受,进一步推进问题,以及后续的资料分析,都造成了一定的困扰。本研究在样本选取时,有意挑选来自不同国家的学者,希望能够通过样本的国籍多样性,获取到更为丰富的资料,但语言问题的出现,使得某些样本的丰富度打了一些的折扣,这是研究者不愿意看到的情况。

对于未来在此基础上开展的研究有如下展望:首先,由于本研究中对于中国高校组织文化的分析,很大程度上基于外国专家的视角,未来研究中拟对中国高校组织文化进行政策文本分析。在宏观层面上,通过收集各级政府层面的引智政策,以及各个学校和学院层面的国际化政策,了解近些年中国高校体制改革的进程,以及这一过程中所借鉴的主要改革思路,并与西方国家的高等教育体系进行对比。在学校层面上,对研究所涉及的学校进行管理方式层面的研究,通过收集学校网站以及相关出版物中对于行政架构和管理模式的描述,梳理出各校对于管理模式,协助体系,监督体系等的规章制度,整理出各个学校之间的共性与差异性。在微观层面上,通过学院的行政人员来收集学院一年来下发的各项通知和指导意见,以期了解各项政策在具体执行阶段的呈现,例如基金申请,国际交流,学院会议等。

其次,未来研究拟对中国高校的中国工作人员进行访谈。现阶段的研究立足于从外国专家的视角来了解他们进入中国高校组织文化环境的过程,在研究设计过程中并没有涵盖对于中国工作人员或中国学者的访谈计划。然而在研究推进过程中,研究者发现中国工作人员在外国专家的跨文化适应过程中起到了非常重要的作用,在跨文化适应的互动中,中国工作人员参与构建了外国专家在中国的工作经历。与此同时,由于部分受访者对于自己所遇到的困难和所处的环境,并不能非常完整的感知和表达出来,或者部分受访者对于所在的学院持有较为明显的偏见态度,因而研究者在这样一对一的访谈中并不能将完整的故事勾勒出来,对中国工作人员的访谈可以更全面,更具批判性地的展现外国专家的跨文化适应经历。此外,中国工作人员身份的复杂性也使得进一步研究富有张力,比如身居管理层的领导人员,与外国专家开展科研与教学合作的学术人员,负责行政工作的学院助理及秘书人员,以及外国专家负责执导的研究生和博士生等。在这种情况下,结合各级政策文本以及对外国专家身边的中国工作人员的访谈,对于更加全面的了解外国专家所处的情况,起着尤为重要的作用。

附　　录

附录一：访谈提纲（中文版）

一、研究的总体介绍与暖场对话

1. 研究介绍

2. 知情同意书

3. 人口统计学资料：姓名，年龄，婚否，家庭，出生地，海外经历，工作情况

二、总体情况

1. 为何选择来中国生活/工作？

2. 对于在中国生活/工作的期待？

三、生活方面

1. 生活适应方面是否遇到了困难？具体有哪些？

2. 有没有比较代表性或者震撼性的事件？你如何感受？

3. 你是怎样回应这些文化差异的？做出了哪些改变？

四、工作方面

1. 科研工作环境与之前有没有差异？体现在哪些方面？【若其感觉无从讲起，将具体从工作流程，工作安排的明确性，任务新颖度，任务挑战性，任务自由度，工作压力，同事关系等进行提问】

2. 工作方面是否遇到了文化差异所带来的困难？你对这些差异的感受是怎样的？

3. 这些差异对你的科研工作产生了怎样的影响？你做出了哪些

改变？

4. 对于促进工作适应，你对本地行政部门和以后将会来中国的学者有怎样的建议？

附录二：访谈提纲(英文版，通过邮件提前发送给接受访谈的教授)

Research Interview："The Cross-cultural Adaptation Experience of International Scholars in Shanghai"

Method：

• 45 – 60 Minute-Interview with Professor ∗∗ at ∗∗ University.

Outline：

1. Introduction and general information

2. Daily adaptation

a. Why do you choose to work in China?

b. What expectations do you have before you come to China?

c. Do you have any difficulty in adjusting to Chinese social life/cultural environment? If the answer is yes，could you describe one or two representative events?

d. How do you respond to cultural difference? What changes do you make during the adaptation process?

3. Working adaptation

a. Compared to your previous working experience，what are the uniqueness in Chinese academic working environment?

b. Do you have any difficulty in adjusting to Chinese academic working environment?

c. Do you think the cultural difference has impacts on your work?

4. Suggestions

a. Do you have any suggestions for Chinese administrative department and for scholars willing to work in China?

附录三：知情同意书(英文版)

Consent to Participate in Research
The Cross-cultural Adaptation Experience of Foreign Scholars in Shanghai

Introduction and Purpose of Interviewer:

My name is Jiexiu Chen. I am a graduate student at Shanghai Jiao Tong University, working with a faculty advisor, Dr. Junwen Zhu, in the Graduate School of Education. I would like to invite you to take part in my research study, which concerns studying the foreign scholars' cross-cultural adaptation experience in Shanghai. The purpose of the interview is to offer practical suggestions for foreign scholars to facilitate their adaptation in China better and for the Chinese universities to eliminate intercultural obstacles, and optimize the international cooperation programs in China.

Consent of Interviewee:

I volunteer to participate in a research project conducted by Jiexiu Chen from Shanghai Jiao Tong University. I understand that the project is designed to gather information about foreign scholars' cross-cultural adaptation experience in Shanghai. I will be one of approximately 15 people being interviewed for this research.

1. My participation in this project is voluntary. I understand that I will not be paid for my participation. I may withdraw and discontinue participation at any time without penalty. If I decline to participate or withdraw from the study, no one on my campus will

be told.

2. I understand that if I feel uncomfortable in any way during the interview session, I have the right to decline to answer any question or to end the interview.

3. Participation involves being interviewed by researcher. The interview will last approximately 60 minutes. Notes will be written during the interview. An audio tape of the interview will be made throughout the interview.

4. I understand that the researcher will not identify me by name in any reports using information obtained from this interview, and that my confidentiality as a participant in this study will remain secure.

5. I understand that this research study has been reviewed and approved by the Graduate School of Education at Shanghai Jiao Tong University. For research problems or questions regarding subjects, the faculty advisor, Dr. Junwen Zhu, may be contacted at jwzhu@sjtu.edu.cn.

6. I have read and understand the explanation provided to me. I have had all my questions answered to my satisfaction, and I voluntarily agree to participate in this study.

7. I have been given a copy of this consent form.

Place and date   Place and date

Supervisor   Graduate School of Education

****

CONSENT

You will be given a copy of this consent form to keep for your own records.

If you wish to participate in this study, please sign and date below.

_____

Participant's Name (*please print*)

_____ _____

Participant's Signature   Date

附录四：转录人员的保密协议书

保 密 协 议 书

甲方(授权方)：

乙方(被授权方)：

鉴于：

甲乙双方(以下简称"双方")在外国专家跨文化适应研究项目中录音转录工作的合作,甲方就该项目的实施以及合作过程中,向乙方提供有关保密信息,且该保密信息属甲方合法所有,甲乙双方均希望对本协议所述保密信息予以有效保护。根据《中华人民共和国合同法》及相关法律法规的规定,本着平等、自愿、公平和诚信的原则,经双方协商一致,特签订本保密协议,以资双方共同遵守。

一、保密信息的定义

双方在全部合作过程中,乙方从甲方获得的与合作有关的资料,包括但不限于甲方的录音文件,文字文件,以及项目信息;保密信息既包括书面认定为保密或专有的,又包括口头给予,随即被书面确认为保密或专有的。

二、保密义务

1. 乙方保证该保密信息仅用于与项目合作有关的用途或目的。乙方不得在任何时候任何场合自行或允许任何第三方以任何方式获得及使用该保密信息。

2. 未经甲方许可,乙方不得以任何形式复制、传播和泄露该项目的有关资料和信息。

3. 双方各自保证对对方所提供的保密信息予以妥善保管、保存与保护。

4. 双方各自保证对对方所提供的保密信息按本协议约定予以保密,并至少采取适用于对自己的保密信息同样的保护措施和审慎程度进行保密。

5. 双方保证保密信息仅可在各自一方从事该项目运作的负责人和相关人员范围内知悉。在双方上述人员知悉该保密信息前,应向其提示保密信息的保密性和应承担的义务,并保证上述人员以书面形式同意接受本协议条款的约束,确保上述人员承担保密责任的程度不低于本协议规定的程度。

三、保密信息的授权使用

双方就乙方只能根据双方合作使用甲方的保密信息达成共识。乙方不能复制任何文件、记录、录音或其他形式,除了甲方授权的书面信息,乙方须根据本协议保护任何此类授权文件。

四、保密文件返还

至乙方完成转录工作为止,所有的保密信息包括其所有任何复制件都应该销毁或返还,乙方或其代表不能以任何形式和任何理由拒绝或保留。

五、违约责任

若因乙方对转录资料的管理、保存、保护措施失当而造成项目的录音、文本以及其他信息泄露给第三方,或由于资料的原件、项目信息以及口头泄密,造成项目相关参与者以及项目组织者的隐私信息泄露和名誉损失,甲方有追究乙方的法律责任。

六、期限

本协议有效期自乙方接手转录工作之日起至甲方宣布解密或者秘密信息实际上已经公开时止。原则上该项目的所有录音及文本信息将不会向公众开放。在协议有效期内,乙方须履行其在本协议中所涉及的保密义务。

七、其他事项

1. 本协议的订立、解释和履行，以及双方由此产生的法律关系，受中华人民共和国法律管辖并依其解释。双方如有争议，应首先协商解决，协商不成，应向被告方所在地有管辖权的法院提请诉讼解决。

2. 双方同意，任何一方没有或延迟行使其权利、特权，并不意味着放弃；任何个别地或部分地行使权利，并不意味着对其他权利或进一步行使权利的排除，也并不排除其他任何权利、特权的行使。对本协议任何条款的权利放弃不应被视为对违反任何条款而追究责任的放弃。任何弃权须以书面作出，并应由其签署。

3. 如果没有对方的书面同意，任何一方不得就本协议或相关事项向第三方透露或转让。

4. 本协议未尽事宜，双方可签订补充协议。本协议的补充协议为其不可分割的一部分，与本协议具有同等法律效力。

5. 本协议一式两份，双方各执一份。

6. 本协议自双方签字之日起生效。

甲方：   乙方：

日期：   日期：

参 考 文 献

［1］ BROWN P，LAUDER H. Education，globalization and economic development[J]. Journal of education Policy，Taylor & Francis，1996，11(1)：1-25.

［2］ ALTBACH P. Knowledge and education as international commodities[J]. International higher education，2015(28).

［3］ 余新丽.研究型大学国际合作论文的现状与趋势分析[J].复旦教育论坛，2014,12(1)：49-55.

［4］ 菲利普,别敦荣,杨华伟等.高等教育国际化的前景展望：动因与现实[J].高等教育研究,2006,27(1)：12-21.

［5］ 陆根书,康卉.我国"985工程"大学高等教育国际化政策分析[J].高等工程教育研究,2015,1：25-31.

［6］ 本刊记者.引智三十年：开拓与发展——访国家外国专家局局长张建国[J].国际人才交流,2013.

［7］ 刘思安.我国高等学校聘请外国文教专家的历史沿革[J].黑龙江高教研究,2003(2)：1-3.

［8］ 国家外国专家局.全国具有聘请外国文教专家资格单位名册[EB/OL].(2014). http://webadmin.safea.gov.cn/pic/wjs/1397097838.mingce20140331.pdf.

［9］ 马万华,栾凤池.智力循环：外国专家来华工作的学术贡献与存在的问题[J].清华大学教育研究,2012(2)：31-36.

［10］ 国家外国专家局.No Title[EB/OL]. (2015). http://www.safea.gov.cn.

［11］ 新华社.温家宝会见2007年度"友谊奖"获奖外国专家[J].2007.

［12］ 焦京虎.引进国外智力三十年回顾与未来发展战略展望[J].新时期引智实践与理论创新,2013.

[13] 陆道坤,白勇,朱民.海外高层次人才引进问题与对策研究——基于10所高校"千人计划"入选者的分析[J].国家教育行政学院学报,2010(3):53-57.

[14] 朱军文,沈悦青.我国省级政府海外人才引进政策的现状,问题与建议[J].上海交通大学学报:哲学社会科学版,2013,21(1):59-63.

[15] 外国专家局.国家中长期人才发展规划纲要(2010—2020)[EB/OL]. (2015). http://www.mohrss.gov.cn/SYrlzyhshbzb/zwgk/ghcw/ghjh/201503/t20150313_153952.htm.

[16] 夏毓婕.上海人才"30条"稳步推进"招才引智"成效显著[J].东方网,2018.

[17] 吴頔.上海连续六年摘下引才引智"榜首""外籍人才眼中最具吸引力的中国城市"揭晓[J].解放日报,2018.

[18] 田佳奇.《2017中国区域国际人才竞争力报告》在京发布[J].中国国情国力,2017(11):76.

[19] ALTBACH P G. Globalisation and the university: Myths and realities in an unequal world[J]. Tertiary Education & Management, Taylor & Francis, 2004, 10(1): 3-25.

[20] 马西斯,杰克逊,小平等.人力资源管理培训教程[M].机械工业出版社,1999.

[21] LEE C H. A study of underemployment among self-initiated expatriates [J]. Journal of world business, Elsevier, 2005, 40(2): 172-187.

[22] BARRY J, BERG E, CHANDLER J. Managing intellectual labour in Sweden and England[J]. Cross Cultural Management: An International Journal, MCB UP Ltd, 2003, 10(3): 3-22.

[23] 李自杰,张雪峰.国家文化差异,组织文化差异与企业绩效——基于中外合资企业的实证研究[J].财贸经济,2010(9):93-98.

[24] 周宪.跨文化研究:方法论与观念[J].学术研究,2011(10):127-133.

[25] REDFIELD R, LINTON R, HERSKOVITS M J. Memorandum for the study of acculturation [J]. American anthropologist, Wiley Online Library, 1936, 38(1): 149-152.

[26] SUI P C P. The sojourner[J]. The Chinese Overseas, Taylor & Francis, 2006, 1(1): 50.

[27] BERRY J W. Immigration, acculturation, and adaptation[J]. Applied psychology, Wiley Online Library, 1997, 46(1): 5-34.

[28] 陈国明,余彤.跨文化适应理论构建[J].学术研究,2012(1):130‑138.

[29] SEARLE W, WARD C. The prediction of psychological and sociocultural adjustment during cross-cultural transitions[J]. International journal of intercultural relations, Elsevier, 1990, 14(4): 449‑464.

[30] WARD C, KENNEDY A. The measurement of sociocultural adaptation [J]. International journal of intercultural relations, Elsevier, 1999, 23(4): 659‑677.

[31] LYSGAAND S. Adjustment in a foreign society: Norwegian Fulbright grantees visiting the United States. [J]. International Social Science Bulletin, 1955.

[32] ADLER P S. The transitional experience: An alternative view of culture shock.[J]. Journal of humanistic psychology, Sage Publications, 1975.

[33] PARKER B, MCEVOY G M. Initial examination of a model of intercultural adjustment [J]. International journal of intercultural relations, Elsevier, 1993, 17(3): 355‑379.

[34] GULLAHORN J T, GULLAHORN J E. An extension of the U‑curve hypothesis[J]. Journal of social issues, Wiley Online Library, 1963, 19(3): 33‑47.

[35] OBERG K. Cultural shock: Adjustment to new cultural environments[J]. Practical anthropology, SAGE Publications Sage UK: London, England, 1960, 7(4): 177‑182.

[36] GROVE C L, TORBIÖRN I. A new conceptualization of intercultural adjustment and the goals of training [J]. International Journal of Intercultural Relations, Elsevier, 1985, 9(2): 205‑233.

[37] BROWN L, HOLLOWAY I. The adjustment journey of international postgraduate students at an English university: An ethnographic study [J]. Journal of Research in International Education, SAGE Publications Sage UK: London, England, 2008, 7(2): 232‑249.

[38] ANDERSON L E. A new look at an old construct: Cross-cultural adaptation[J]. International Journal of Intercultural Relations, Elsevier, 1994, 18(3): 293‑328.

[39] SHAFFER, L. F. AND SHOBEN E J. The Psychology of Adjustment (2nd edition)[M]. Boston: Honghton Mifflin, 1956.

[40] KIM Y Y. Communication and cross-cultural adaptation: An integrative

theory[M]. Multilingual Matters, 1988.

[41] KIM Y Y. Becoming intercultural: An integrative theory of communication and cross-cultural adaptation[M]. Sage, 2001.

[42] HOFSTEDE G. Cultural differences in teaching and learning [J]. International Journal of intercultural relations, Elsevier, 1986, 10(3): 301 - 320.

[43] BOCHNER S. Coping with unfamiliar cultures: Adjustment or culture learning? [J]. Australian Journal of Psychology, Taylor & Francis, 1986, 38(3): 347 - 358.

[44] TAFT R. Coping with unfamiliar cultures[J]. Studies in cross-cultural psychology, 1977, 1: 121 - 153.

[45] BENNETT M J. A developmental approach to training for intercultural sensitivity[J]. International journal of intercultural relations, Elsevier, 1986, 10(2): 179 - 196.

[46] BENNETT M J. Developmental model of intercultural sensitivity[M]. Wiley Online Library, 1998.

[47] BERRY J W. Acculturation: Living successfully in two cultures [J]. International journal of intercultural relations, Elsevier, 2005, 29(6): 697 - 712.

[48] BLACK J S, GREGERSEN H B. Antecedents to cross-cultural adjustment for expatriates in Pacific Rim assignments [J]. Human relations, Sage Publications Sage CA: Thousand Oaks, CA, 1991, 44(5): 497 - 515.

[49] BLACK J S, GREGERSEN H B. The right way to manage expats.[J]. Harvard business review, Harvard Business School Publication Corp., 1999, 77(2): 52 - 59.

[50] VAN OUDENHOVEN J P, HOFSTRA J. Personal reactions to "strange" situations: Attachment styles and acculturation attitudes of immigrants and majority members [J]. International Journal of Intercultural Relations, Elsevier, 2006, 30(6): 783 - 798.

[51] WARD C, KENNEDY A. Acculturation strategies, psychological adjustment, and sociocultural competence during cross-cultural transitions[J]. International journal of intercultural relations, Elsevier, 1994, 18(3): 329 - 343.

[52] BERRY J W. Understanding individuals moving between cultures[J]. Applied cross-cultural psychology, Sage Publications, 1990, 14(1): 232.

[53] WEISSMAN D, FURNHAM A. The expectations and experiences of a sojourning temporary resident abroad: A preliminary study[J]. Human relations, Sage Publications Sage CA: Thousand Oaks, CA, 1987, 40(5): 313 - 326.

[54] LIEBKIND K. Acculturation and stress: Vietnamese refugees in Finland [J]. Journal of Cross-Cultural Psychology, Sage Publications Sage CA: Thousand Oaks, CA, 1996, 27(2): 161 - 180.

[55] HAMMER M R, BENNETT M J, WISEMAN R. Measuring intercultural sensitivity: The intercultural development inventory [J]. International journal of intercultural relations, Elsevier, 2003, 27(4): 421 - 443.

[56] MARTINS E C, TERBLANCHE F. Building organisational culture that stimulates creativity and innovation[J]. European journal of innovation management, MCB UP Ltd, 2003, 6(1): 64 - 74.

[57] GRANOVETTER M S. The strength of weak ties[G]//Social networks. Elsevier, 1977: 347 - 367.

[58] BURT R S. The social capital of structural holes[J]. The new economic sociology: Developments in an emerging field, New York: Russell Sage Foundation, 2002, 148: 190.

[59] HALL A, WELLMAN B. Social networks and social support. [J]. Academic Press, 1985.

[60] WASSERMAN S, FAUST K. Social network analysis: Methods and applications[M]. Cambridge university press, 1994, 8.

[61] WARD C, RANA - DEUBA A. Home and host culture influences on sojourner adjustment[J]. International journal of intercultural relations, Elsevier, 2000, 24(3): 291 - 306.

[62] ADELMAN M B. Cross-cultural adjustment: A theoretical perspective on social support [J]. International Journal of Intercultural Relations, Elsevier, 1988, 12(3): 183 - 204.

[63] BABIKER I E, COX J L, MILLER P M. The measurement of cultural distance and its relationship to medical consultations, symptomatology and examination performance of overseas students at Edinburgh

University[J]. Social Psychiatry, Springer, 1980, 15(3): 109 - 116.

[64] KOGUT B, SINGH H. The effect of national culture on the choice of entry mode[J]. Journal of international business studies, Springer, 1988, 19(3): 411 - 432.

[65] CLARK T, PUGH D S. Foreign country priorities in the internationalization process: a measure and an exploratory test on British firms [J]. International business review, Elsevier, 2001, 10(3): 285 - 303.

[66] 关世杰.《跨文化交流学》[J].国际政治研究,1995(4): 98.

[67] FURNHAM A, BOCHNER S. Social difficulty in a foreign culture: An empirical analysis of culture shock[J]. Cultures in contact: Studies in cross-cultural interaction, 1982, 1: 161 - 198.

[68] KIM B S K, ABREU J M. Acculturation measurement[J]. Handbook of multicultural counseling, 2001, 2.

[69] 李萍,孙芳萍.跨文化适应研究[J].杭州电子科技大学学报:社会科学版, 2008(4).

[70] 李加莉,单波.跨文化传播学中文化适应研究的路径与问题[J].南京社会科学,2012,9: 80 - 87.

[71] 万梅.关于来华留学生跨文化适应问题研究的综述[J].现代教育科学, 2008(11): 19 - 21.

[72] 刘俊振.论外派人员跨文化适应的内在系统构成与机制[J].广西民族大学学报:哲学社会科学版,2008,30(B06): 63 - 66.

[73] 刘俊振.外派人员跨文化适应成功的衡量:一个多构面的概念模型[J].技术与创新管理,2010,31(2): 157 - 160.

[74] 曹礼平,李元旭.外派人员理论研究综述及研究展望[J].江西社会科学, 2008(10): 208 - 212.

[75] 亓华,李秀妍.在京韩国留学生跨文化适应问题研究[J].青年研究,2009 (2): 84 - 93.

[76] 孙雷,安然.来华印尼留学生跨文化适应研究-华南理工大学短期汉语师资培训人员跨文化适应[J].云南师范大学学报(对外汉语教学与研究版),云南师范大学学报编辑部,2010,8(5): 66 - 72.

[77] 易佩,熊丽君.非洲来华留学生跨文化适应水平实证研究[J].沈阳大学学报:社会科学版,2013,15(3): 364 - 368.

[78] 吕玉兰.来华欧美留学生的文化适应问题调查与研究[J].首都师范大学学报:社会科学版,2000(S3): 158 - 170.

[79] 陈慧,车宏生,朱敏.跨文化适应影响因素研究述评[J].心理科学进展,2003,11(06):704-710.

[80] 阎琨.中国留学生在美国状况探析:跨文化适应和挑战[J].清华大学教育研究,2011(2):100-109.

[81] 李冬梅,李营.越南留学生在华跨文化适应研究——广西师范大学个案透视[J].广西师范大学学报:哲学社会科学版,2013(3):161-166.

[82] 王利平,王恩科,李洪春.重庆高校外籍教师文化适应状况的调查与研究[J].重庆教育学院学报,2008(1):96-99.

[83] 段灵华.中国高校外籍教师跨文化适应的探索研究[J].杭州:杭州师范大学,2011.

[84] 严文华.跨文化适应与应激,应激源研究:中国学生,学者在德国[J].心理科学,2007,30(4):1010-1012.

[85] 王泽宇,王国锋,井润田.基于外派学者的文化智力,文化新颖性与跨文化适应研究[J].管理学报,2013,10(3):384-389.

[86] SELMER J, CHIU R K, SHENKAR O. Cultural distance asymmetry in expatriate adjustment[J]. Cross Cultural Management:An International Journal, Emerald Group Publishing Limited, 2007, 14(2):150-160.

[87] SELMER J, LAURING J. Cultural similarity and adjustment of expatriate academics[J]. International Journal of Intercultural Relations, Elsevier, 2009, 33(5):429-436.

[88] SCHEIN E H. Culture:The missing concept in organization studies[J]. Administrative science quarterly, JSTOR, 1996:229-240.

[89] 陈向明.质的研究方法与社会科学研究[M].教育科学出版社,2000.

[90] MAXWELL J A. Qualitative research design:An interactive approach[M]. Sage publications, 2012, 41.

[91] 国家统计局.2013年全国科技经费投入统计公报[EB/OL].(2014). http://www. stats. gov. cn/tjsj/tjgb/rdpcgb/qgkjjftrtjgb/201410/t20141023_628330.html.

[92] 谢亚兰.美国世界一流大学科研经费学科分布研究[J].高等工程教育研究,2011(1):118-125.

[93] 阎光才.识读大学:组织文化的视角[J].高等教育研究,2001,6:9.

[94] DOPSON S, MCNAY I. Organizational culture[J]. Open University Press, 1996.

[95] 王烨.社科类科研经费申请,使用与管理情况的调研——以我国社科类科

研人员为例[J].科学管理研究,2015(3):36－39.

[96] 潘晴燕.论科研不端行为及其防范路径探究[J].复旦大学博士论文,2008.

[97] 教育部.教育部关于深化高等学校科技评价改革的意见[EB/OL].(2013). http://www.gov.cn/gzdt/2013－12/20/content_2551954.htm.

[98] 李国强,江彤,熊海贝.法国高等教育与高等工程教育概况[J].高等建筑教育,2013,22(2):44－47.

[99] WILKINS A L, OUCHI W G. Efficient cultures: Exploring the relationship between culture and organizational performance [J]. Administrative science quarterly, JSTOR, 1983: 468－481.

[100] SCHEIN E H. Organizational culture and leadership[M]. John Wiley & Sons, 2006, 356.

[101] VAN MAANEN J. People processing: Strategies of organizational socialization[J]. Organizational dynamics, Elsevier, 1978, 7(1): 19－36.

[102] ALLEN M D, ALLEN M. The goals of universities [M]. Open University Press, 1988.

[103] BURT R S. The Network Structure Of Social Capital[J]. Research in Organizational Behavior, 2000, 22: 345－423.

[104] LIN N. Inequality in Social Capital[J]. Contemporary Sociology, 2000, 29(6): 785.

[105] BURT R S. Reinforced structural holes[J]. Social Networks, 2015, 43: 149－161.

[106] KINNISON L Q. Power, integrity, and mask — An attempt to disentangle the Chinese face concept[J]. Journal of Pragmatics, 2017, 114: 32－48.

[107] ZHOU L, ZHANG S. How does face as a system of value-constructs operates through the interplay of mianzi and lian in Chinese: A corpus-based study[J]. Language Sciences, Elsevier, 2017, 64: 152－166.

[108] 罗海鸥,游柱然.美国高校教授治学的运作机制与组织文化[J].高等教育研究,2013(9):95－100.

[109] 赵丽娜.美国州立大学的权力制约机制研究[J].华中科技大学,2016.

[110] 汪洋,龚怡祖."校长退出学术委员会"的改革取向分析——兼论大学校长选拔制度的去行政化[J].高等教育研究,2014(6):25－30.

[111] 杨开忠.深化高校学术委员会改革的几点思考[J].中国高等教育,2014(8):21－24.

索　引

后　记

　　这本书从酝酿选题到聚焦研究问题、从设计研究框架到联系在沪外国专家访谈、从访谈资料转录到分析、从撰写成稿到冷却沉淀、从再次充实修改不断完善形成现在的样子,断断续续也历时有五年的时间了。从当前快速变化的时代背景和普遍比较短、平、快的工作风格看,五年的时间对一本书的撰写和出版来说,也可以算是比较漫长,也因此,我们在讨论这本书是否还值得出版的时候,也一度犹豫过。

　　决定做这个研究的时候,上海建设全球有影响力科技创新中心的目标刚刚确立。汇聚全球人才为我所用,以人才高地支撑科技创新中心建设是个重要的共识。国际人才或者外国专家是上海建设有影响力科技创新中心的重要智力资源,如何用好这部分资源,发挥这部分高端人才的作用,从形式上的引进到发挥更大的实质性作用,并借此优化上海的国际人才环境成为当初的主要考虑。结合上海作为国际大都市的历史积淀和人才环境优势,最后将研究聚焦在组织文化的微观视角上。现在回头看,从组织文化的角度研究在沪外国专家的跨文化适应,似乎不仅没有过时,反而正当其时。这也是我们决定修改并出版这本书的决定性因素,也是抛砖引玉,希望激起更多人从独特的中国的组织文化角度来探讨国际人才来华跨文化适应,并基于优化国际人才跨文化适应感受来推动组织文化的改革完善。

　　这是一项以质性方法为主的实证研究,由衷感谢每一位参与这项研究的访谈对象,他们无私的分享与信任,是这项研究得以顺利进行的最重要因素,真诚地希望这本书能够在某种程度上帮助来华工作的外国专家更好地适应中国高校组织文化,帮助相关部门、用人单位推动相关人事制度和校园文化建设。在本书初稿写作过程中,非常遗憾也非常难过的是,作者收到了其中一位受访者所在学院发来的他的讣告。几个月前作者还在这位教授的书房采访他,聆听他在中国在上海这些年的故事。我们无法如约让他读到这项研究的成果,但这也更加坚定了我们做好这项研究的决心。

初稿完成之后,作者陈洁修即前往英国伦敦大学学院攻读博士学位,进入了海外高校感受其组织文化,成为一名跨文化的经历者。一方面用心体验跨文化适应过程中的诸多感受,另一方面也通过自身的经历去反思曾经在研究中使用的跨文化适应相关理论。这些反思与感受也体现在了书稿的修改过程中,以期为这本书提供更为丰富的分析视角,带来不同文化之间的交流与碰撞,不同观点之间的对抗与融合。

陈洁修是本书的执笔人,朱军文参与了研究和书稿撰写全过程,一起讨论确定选题和聚焦研究问题、一起设计研究计划和方案、讨论修改书稿框架结构和主要内容。这本书也是上海浦江人才计划项目(编号:15PJC074)"在沪外国专家跨文化适应调查及对改进上海国际人才微观环境的政策启示:基于组织文化的视角"的成果之一,感谢上海市浦江人才计划对本研究的支持!在书稿修改定稿的过程中,上海交通大学出版社易文娟老师多次参与讨论,以其独到的出版人专业眼光和认真细致的工作作风,让书稿增色许多,特此致谢!也感谢几位匿名审稿人在书稿编审过程中提供的宝贵建议。

陈洁修　朱军文

2018 年 8 月 15 日

作 者 简 介

　　陈洁修,伦敦大学学院教育学院博士候选人,2016 年入选国家建设高水平大学公派研究生项目奖学金,研究兴趣包括教育公平,社会分层,跨文化适应,全球化与教育政策改革。学业之余作为独立音乐人发行个人原创音乐专辑《之外》,EP 专辑《三城记》。

　　朱军文,华东师范大学教育学部教授,管理学博士,博士生导师,华东师范大学人才全球战略与海归人才发展创新团队首席专家。2008.5—2018.4 月在上海交通大学高等教育研究院工作。研究兴趣包括高校人才政策与评价,高校创新能力与政策,科学计量学等。